日本农山渔村文化协会宝典系列

梨栽培
管理手册

[日] 广田隆一郎 著
伍涛 译

机械工业出版社
CHINA MACHINE PRESS

现在的梨栽培，已由过去的追求高产转变为追求高品质，这就要求生产者掌握整枝、修剪、间伐、土壤管理等相适宜的技术。本书以培育优质梨为目标，从梨树特性的角度出发，详细介绍了梨采收后、秋季至休眠期、萌芽期至展叶期、新梢生长期至幼果期、果实膨大成熟至采收期这5个重要阶段的管理内容和风灾及病虫害对策，内容系统、翔实，图文结合，通俗易懂。本书介绍的日本梨栽培技术，对于我国广大梨种植专业户、基层农业技术推广人员都有非常好的参考价值，也可供农林院校师生阅读参考。

NASHI NO SAGYOU BENRICHO by HIROTA RYUICHIRO/HIROTA MASAKO
Copyright © 1990 HIROTA RYUICHIRO/HIROTA MASAKO
Simplified Chinese translation copyright © 2025 by China Machine Press
All rights reserved
Original Japanese language edition published by NOSAN GYOSON BUNKA KYOKAI (Rural Culture Association Japan)
Simplified Chinese translation rights arranged with NOSAN GYOSON BUNKA KYOKAI (Rural Culture Association Japan) through Shanghai To-Asia Culture Co., Ltd.

此版本仅限在中国大陆地区（不包括香港、澳门特别行政区及台湾地区）销售。未经出版者书面许可，不得以任何方式抄袭、复制或节录本书中的任何部分。

北京市版权局著作权合同登记　图字：01-2020-5841号。

图书在版编目（CIP）数据

梨栽培管理手册 /（日）广田隆一郎著；伍涛译. — 北京：机械工业出版社，2025.6
（日本农山渔村文化协会宝典系列）
ISBN 978-7-111-74810-6

Ⅰ.①梨… Ⅱ.①广… ②伍… Ⅲ.①梨–果树园艺–技术手册 Ⅳ.①S661.2-62

中国国家版本馆CIP数据核字（2024）第041616号

机械工业出版社（北京市百万庄大街22号　邮政编码100037）
策划编辑：高　伟　周晓伟　　责任编辑：高　伟　周晓伟　刘　源
责任校对：张亚楠　王　延　　责任印制：单爱军
保定市中画美凯印刷有限公司印刷
2025年7月第1版第1次印刷
169mm×230mm・8.25印张・157千字
标准书号：ISBN 978-7-111-74810-6
定价：49.80元

电话服务　　　　　　　　网络服务
客服电话：010-88361066　　机　工　官　网：www.cmpbook.com
　　　　　010-88379833　　机　工　官　博：weibo.com/cmp1952
　　　　　010-68326294　　金　书　网：www.golden-book.com
封底无防伪标均为盗版　　　机工教育服务网：www.cmpedu.com

序

果蔬业属于劳动密集型产业，在我国是仅次于粮食产业的第二大农业支柱产业，已形成了很多具有地方特色的果蔬优势产区。果蔬业的发展对实现农民增收、农业增效、促进农村经济与社会的可持续发展裨益良多，呈现出产业化经营水平日趋提高的态势。随着国民生活水平的不断提高，对果蔬产品的需求量日益增长，对其质量和安全性的要求也越来越高，这对果蔬的生产、加工及管理也提出了更高的要求。

我国农业发展处于转型时期，面临着产业结构调整与升级、农民增收、生态环境治理，以及产品质量、安全性和市场竞争力亟须提高的严峻挑战，要实现果蔬生产的绿色、优质、高效、减少农药、化肥用量，保障产品食用安全和生产环境的健康，离不开科技的支撑。日本从20世纪60年代开始逐步推进果蔬产品的标准化生产，其设施园艺和地膜覆盖栽培技术、工厂化育苗和机器人嫁接技术、机械化生产等都一度处于世界先进或者领先水平，注重研究开发各种先进实用的技术和设备，力求使果蔬生产过程精准化、省工省力、易操作。这些丰富的经验，都值得我们学习和借鉴。

日本农业书籍出版协会中最大的出版社——农山渔村文化协会（简称农文协）自1940年建社开始，其出版活动一直是以农业为中心，以围绕农民的生产、生活、文化和教育活动为出版宗旨，以服务农民的农业生产活动和经营活动为目标，向农民提供技术信息。经过80多年的发展，农文协已出版4000多种图书，其中的果蔬栽培手册（原名：作业便利帐）系列自出版就深受农民的喜爱，并随产业的发展和农民的需求进行不断修订。

根据目前我国果蔬产业的生产现状和种植结构需求，机械工业出版社与农文协展开合作，组织多家农业科研院所中理论和实践经验丰富，并且精通日语的教师及科研人员，翻译了本套"日本农山渔村文化协会宝典系列"，包含葡萄、猕猴桃、苹果、梨、西瓜、草莓、番茄等品种，以优质、高效种植为基本点，介绍了果蔬栽培管理技术、果树繁育及整形修剪技术等，内容全面，实用性、可操作性、指导性强，以供广大果蔬生产者和基层农技推广人员参考。

需要注意的是，我国与日本在自然环境和社会经济发展方面存在的差异，造就了园艺作物生产条件及市场条件的不同，不可盲目跟风，应因地制宜进行学习参考及应用。

希望本套丛书能为提高果蔬的整体质量和效益，增强果蔬产品的竞争力，促进农村经济繁荣发展和农民收入持续增加提供新助力，同时也恳请读者对书中的不当和错误之处提出宝贵意见，以便修正。

前　言

无论是栽培哪种果树，追求果实的高品质都是栽培者面临的问题。幸水、丰水已成为高品质梨的主打品种在日本扎根下来，而多汁、高糖是其魅力所在。然而，从栽培方面来说，要充分发挥幸水应有的风味，尚有很多方面值得研究。

在追求果实高品质的时代，要让适宜的技术为自己所用，还是有必要对那些已广为流传的田间管理和栽培技术进行一次再研讨的。

幸水是一个在管理中出现一点疏漏和错误就会产生很大负面影响的品种。特别是采收后秋季疏枝、间伐，以及利于秋根生长的土壤管理等旨在促进早期展叶的技术对于优质大果栽培不可或缺，但这并不涉及什么新颖的技术。不被眼前的技术迷惑，夯实基础、扎实地改善田间管理，才是生产优质大果的捷径。为此，作为技术指南，本书如果能对读者有所帮助，著者会倍感欣慰。

本书中所述的大部分技术都来自著者的恩师林真二教授（曾为鸟取大学校长）的教诲，并承蒙鸟取县果树试验场场长米山宽一老师不断地指导，农文协编辑部的老师们也给予了非常大的帮助，谨在此一并致谢。

广田隆一郎
于佐贺县多久两子山麓

目录

序
前言

第 1 章
栽培者应知道的梨树特性

1 梨树的五大特性 ········· 002
- 棚架栽培容易导致梨树徒长 ········· 002
- 开花比展叶早 ········· 003
- 果实是叶片变化形成的 ········· 005
- 种子减少容易出现变形果 ········· 007
- 主要病虫害极多 ········· 008

2 从经营角度看梨栽培的 5 个特点 ········· 009
- 前期偷懒会导致后期花费的功夫大幅增加 ········· 009
- 生产费用多 ········· 010
- 采收与销售期的短期决战 ········· 010
- 对于设施栽培不宜有过多期待 ········· 011
- 用不同树龄的梨树维持稳定经营 ········· 012

3 幸水的六大特性 ········· 013
- 后期果实突然膨大 ········· 013
- 幸水是褐皮梨 ········· 014
- 果实含有效多甜味浓的糖类 ········· 015
- 将贮藏性差的缺点变成优点 ········· 016
- 树体容易疲劳 ········· 016
- 幸水的根系是秋根型 ········· 017

4 幸水的一生与栽培要点 ········· 018
- 幼年期 ········· 018
- 初结果期 ········· 019
- 成年期 ········· 019
- 老年期 ········· 020

5 幸水 1 年的生长发育与栽培要点 ········· 021

第 2 章
采收后的管理

1 梨的栽培从采收后开始 ········· 026

2 创造有效利用秋肥的条件很重要 ········· 026

3 夏季干旱对生产打击大 ········· 027

4 采收后在土层表面施用有机物 ········· 028

5 趁着叶片健全时进行间伐、缩伐 ………… 030
6 秋季疏枝体现技术水平的高低 ………… 031
◎ 疏枝的目的 ………………………… 031
◎ 疏枝的最佳时期 …………………… 032
◎ 疏除什么样的枝条 ………………… 032

◎ 培育先端优势型树形 ……………… 032
◎ 培育饭团形主枝 …………………… 034
◎ 加大树枝的剪锯口 ………………… 035

7 秋季抓紧防治病虫害 …………………… 036

第 3 章
秋季至休眠期的管理

1 深耕和中耕要趁地温高时进行 ………… 040
◎ 冬季深耕浪费贮藏养分 …………… 040
◎ 深耕到 11 月底结束 ……………… 041
◎ 盲目深耕是有害的 ………………… 041
◎ 暖地中耕不如客土 ………………… 043

2 施肥设计要点 …………………………… 043
◎ 容易出现施肥过多的问题 ………… 043
◎ 落叶期的叶片营养诊断 …………… 043
◎ 施肥量因年份不同而异 …………… 044

3 冬季修剪要有清晰的目标 ……………… 045
◎ 首先要制定产量目标 ……………… 045
◎ 不要过于追求理想的花芽 ………… 046
◎ 作为结果枝的条件 ………………… 047
◎ 长果枝先端的长势 ………………… 047
◎ 老枝年轻强壮，年轻枝反而又老又弱 … 048
◎ 杯形树形的整形方法 ……………… 048
◎ 让主枝呈饭团形 …………………… 050

4 主枝与亚主枝先端的修剪 ……………… 051
◎ 延长枝着生叶芽时 ………………… 051
◎ 延长枝着生腋花芽时 ……………… 051

◎ 延长枝变成短果枝或小枝时 ……… 051
◎ 延长枝变得更弱时 ………………… 051
◎ 1 年生枝因抽生部位而异 ………… 051
◎ 从主枝（亚主枝）正侧位以上抽生的枝条 … 052
◎ 从主枝（亚主枝）侧位及侧位以下抽生的枝条 … 052

5 不同品种、侧枝的处理方法 …………… 052
◎ 幸水 ………………………………… 052
◎ 二十世纪 …………………………… 056
◎ 丰水 ………………………………… 058

6 预备枝的保留和处理 …………………… 058
7 高明的修剪步骤 ………………………… 060
◎ 解开诱引绳 ………………………… 060
◎ 修补棚架 …………………………… 060
◎ 重新配置主枝、亚主枝 …………… 061
◎ 诱引长果枝 ………………………… 061
◎ 配置预备枝 ………………………… 061
◎ 疏除侧枝和徒长枝 ………………… 062
◎ 短截 1 年生枝的先端 ……………… 062

8 计划间伐树的修剪 ……………………… 062
9 修剪完成与呆芽去除 …………………… 064

第 4 章

萌芽期至展叶期的管理

1 一般不需要施用春肥（催芽肥） ……… 066

2 设施栽培目标与覆盖时期 ……… 066
- ◎ 设施栽培的陷阱 …………………… 066
- ◎ 覆盖时期的判断 …………………… 067
- ◎ 给枝条洒水和浇水最重要 ………… 068
- ◎ 通过抹芽促进营养枝生长 ………… 069
- ◎ 防止枝条日灼 ……………………… 069
- ◎ 拱棚覆膜防止冻害 ………………… 069

3 疏蕾促叶 ……………………………… 070
- ◎ 叶片数量增长过程的差异 ………… 071
- ◎ 采收的果实数只有总花蕾数的 3% … 071
- ◎ 疏除哪部分花蕾 …………………… 072

4 花粉采集和贮藏的技巧 ……………… 073
- ◎ 花粉采自树势强的树 ……………… 073
- ◎ 花粉采集在 1 天内完成 …………… 073
- ◎ 花粉的贮藏和利用方法 …………… 075
- ◎ 长期贮藏用纯花粉的采集方法 …… 075

5 人工授粉的注意事项 ………………… 076
- ◎ 必须认真进行人工授粉 …………… 076
- ◎ 授粉要一次性完成 ………………… 076
- ◎ 给哪些花授粉 ……………………… 077

- ◎ 幸水 1 个花序坐 1~2 个果就够了 … 077
- ◎ 用小毛笔细心授粉 ………………… 078
- ◎ 设施栽培从浇水开始 ……………… 078
- ◎ 花粉出库后马上使用 ……………… 079
- ◎ 简便可行的花粉萌发试验 ………… 079
- ◎ 授粉后的农药喷洒 ………………… 081

6 抹芽在成枝前进行 …………………… 082
- ◎ 为什么需要抹芽 …………………… 082
- ◎ 抹除哪些部分的芽 ………………… 083
- ◎ 发现即抹非常重要 ………………… 083
- ◎ 早熟和晚熟品种的树势增强 ……… 083

7 除草剂使用与割草作业巧妙结合 …… 083
- ◎ 初春用除草剂裸地化 ……………… 084
- ◎ 多年生杂草在秋季防治 …………… 084
- ◎ 5~6 月割草 ………………………… 084
- ◎ 除草剂的副作用 …………………… 084

8 萌芽期和展叶期的水分管理 ………… 085

9 去除设施栽培的塑料薄膜 …………… 086
- ◎ 去除简易覆盖的塑料薄膜 ………… 086
- ◎ 去除加温栽培的塑料薄膜 ………… 086

第 5 章

新梢生长期至幼果期的管理

1 营养诊断的着眼点 ········· 088
- ◎ 诊断目的与诊断时期 ············ 088
- ◎ 全园及树体的整体诊断 ·········· 089
- ◎ 新梢的诊断 ························ 090
- ◎ 叶片的诊断步骤 ··················· 090
- ◎ 叶形、叶色等的诊断 ············ 091
- ◎ 营养元素的余缺诊断 ············ 092

2 幼果期疏果的技术要点 ········· 092
- ◎ 结果数量多少为合适 ············ 093
- ◎ 幸水疏果（花）在授粉后马上进行 ········· 093
- ◎ 二十世纪在能判断果形后疏果 ········· 093
- ◎ 疏除什么样的果实 ············ 094
- ◎ 保留斜向上的果实 ············ 094
- ◎ 消除导致心腐的因素 ············ 094

3 提高品质的套袋技术要点 ········· 095
- ◎ 有袋还是无袋栽培 ············ 095
- ◎ 二十世纪的套袋 ··················· 095
- ◎ 褐皮梨的套袋 ····················· 096

4 植物激素的利用 ········· 096
- ◎ 各种植物激素的作用 ············ 097
- ◎ 赤霉素膏剂的果梗涂抹 ········· 098

- ◎ 乙烯利促进成熟 ··················· 098

5 新梢停长期的诊断与施肥管理 ········· 099
- ◎ 枝梢延迟停长导致养分浪费 ········· 099
- ◎ 维持氮素在合理水平 ············ 100

6 6月疏枝有必要吗 ········· 100
- ◎ 有必要疏枝的是前期失管园 ········· 100
- ◎ 这样的枝条不用疏枝而是诱引 ········· 101
- ◎ 疏枝前先诱引 ····················· 101

7 新梢的诱引方法 ········· 102
- ◎ 需增强长势的枝条诱引 ········· 102
- ◎ 作为长果枝利用的枝条诱引 ········· 103
- ◎ 徒长枝的诱引 ····················· 103
- ◎ 一定要利用长果枝结果时的诱引 ········· 103
- ◎ 不需要诱引的新梢 ············ 103
- ◎ 设施栽培园的新梢管理 ········· 104

8 梅雨期的土壤管理 ········· 104
- ◎ 挖沟排水 ···························· 104
- ◎ 麦秆覆盖防止表土流失 ········· 105
- ◎ 防水布覆盖 ························ 105
- ◎ 梅雨末期的杂草管理 ············ 106

第 6 章

果实膨大成熟至采收期的管理

1 防止幸水裂果的方法 ·············· 108
◎ 为什么幸水容易裂果 ·············· 108
◎ 进入 7 月才完成疏果会适得其反 ·············· 109

2 无袋栽培如何让果面漂亮 ·············· 110
◎ 果实颜色的差异在哪里 ·············· 110

◎ 防止果面脏污的对策 ·············· 110
◎ 注意农药与气味附着 ·············· 111

3 幸水的采收方法 ·············· 111
◎ 什么时候开始采收 ·············· 111
◎ 无袋果一碰就受伤 ·············· 112

第 7 章

风灾及病虫害对策

1 诱引也是防台风对策 ·············· 114

2 防风有利于早期生长发育 ·············· 115

3 防治病虫害的对策 ·············· 116
◎ 采收后的防治是关键 ·············· 116
◎ 尽早形成枝叶会减少防治次数 ·············· 117
◎ 黑斑病和黑星病的发病条件不同 ·············· 117
◎ 轮纹病的发生不利于无袋栽培 ·············· 117
◎ 最小限度的农药混用 ·············· 118

4 主要病害的防治 ·············· 118
◎ 梨锈病（赤星病） ·············· 118

◎ 黑星病 ·············· 119
◎ 黑斑病 ·············· 119
◎ 白粉病 ·············· 120
◎ 枝干与根系病害 ·············· 120

5 主要害虫的防治 ·············· 120
◎ 蚜虫 ·············· 120
◎ 红蜘蛛 ·············· 121
◎ 食心虫 ·············· 121
◎ 夜蛾与椿象 ·············· 121
◎ 其他害虫 ·············· 122

第1章
栽培者应知道的梨树特性

1 梨树的五大特性

"为什么梨栽培难?"当被问到这个问题时,即使对梨栽培难度有切身体会的人也难以回答。很多人栽培梨却不知道梨树的特性,忽视梨栽培的基础知识,只看重如何实际操作,认为当下的管理工作不就是简单地按季节进行吗?因此,在进入实际栽培之前,我想先说一下平时不怎么在意,但却是栽培者必须了解的事情。

◎ 棚架栽培容易导致梨树徒长

300多年前,日本农学家宫崎安贞在他写的《农业全书》中阐述了梨树诱引(拉枝)促进结果技术;170年前的《草木育种》记载了制作5~6尺(1尺≈0.333米)高的棚架栽培梨的方法。以此类推,至少200年前就已开始搭建棚架了。

枝条诱引可以促进花芽分化和结果,而且因为枝条被固定,采前落果少,这是利用棚架栽培梨最初的出发点。同样是日本原产的果树,虽然与梨的特性不同,但棚架栽培也可以用在柿上。棚架栽培技术用于梨因产量稳定、方便品质管理、省力而最终被确立下来,但梨树向上生长的生理特性被改变,主枝先端部容易变弱,易呈现出徒长枝多发的树相(图1-1)。梨栽培者动辄想通过修剪技术解决问题,这是产生上述树相的原因。

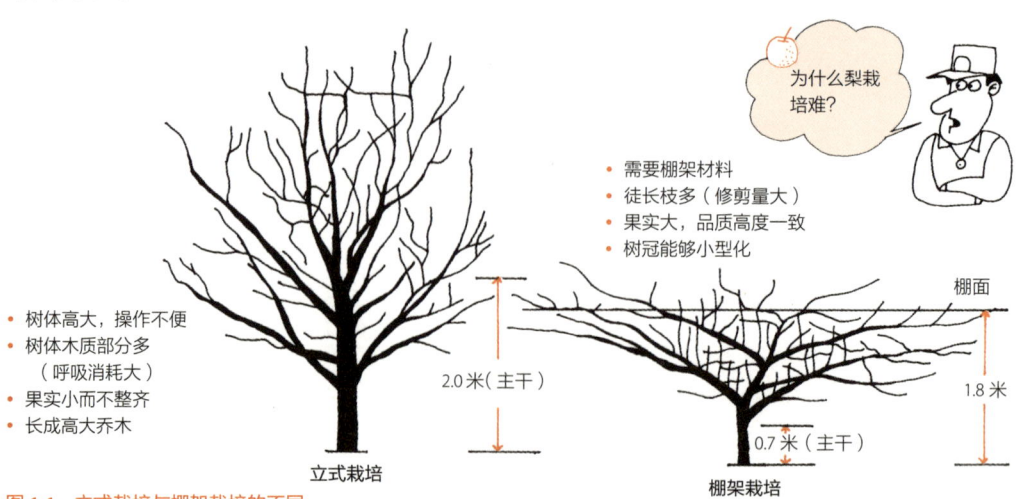

图1-1 立式栽培与棚架栽培的不同

图 1-2 所示为徒长枝多发的差梨树和徒长枝少的好梨树的区别。主枝基部徒长枝林立的树（图 1-3），其主枝尖端薄弱，为第 2 年贮藏的养分少，花芽也少。这样一来，不仅当年果实的品质会变差，第 2 年徒长枝也会再次林立。仅靠剪除徒长枝的方法是无法阻断这种恶性循环的，该如何处理是梨棚架栽培的一个问题。

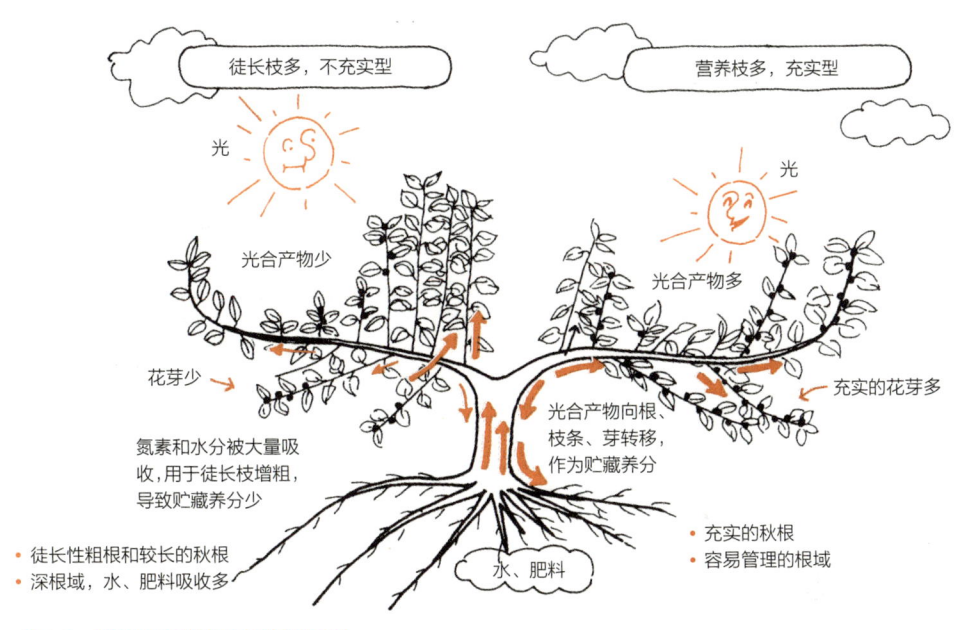

图 1-2　管理差的梨树与好梨树的区别

◎ 开花比展叶早

大多数果树都是结果母枝长出新梢之后，在其中间或顶端开花结果。但桃、梅等核果类的开花时间比展叶早，梨、苹果等仁果类的开花与展叶在同一时期，而葡萄的展叶比开花早（图 1-4）。

大部分果树在长出生长所需枝叶的 80% 以上之后开花结果，而梨的展叶和果实膨大同时开始，并且早熟品种幸水在授粉后 115 天即开始采收。在梨栽培中，强调枝叶初期生长的原因是为了尽快确保枝叶量达到标准。

修剪后留芽数多、利用长果枝结果的树和枝条老

图 1-3　徒长枝林立的幸水梨树

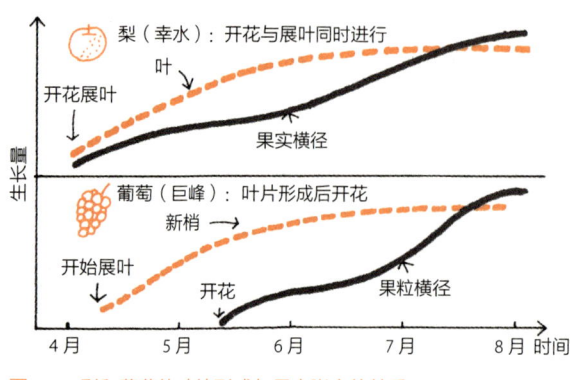

图 1-4 梨和葡萄的叶片形成与果实膨大的关系

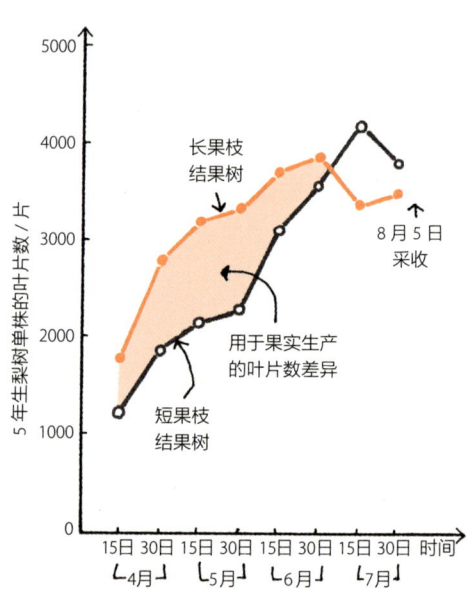

图 1-5 长果枝结果树的叶面积形成更早、更多（幸水）

化、芽的间隔大、芽数少的短果枝结果的树，生长初期展开的叶片数量在 4 月和 5 月有很大的不同（图 1-5）。

展叶在开花后约 30 天完成，所以假如 4 月没有同化养分，推算各月的叶面积和叶片数，以及从开花到采收的同化碳水化合物量，如表 1-1 所示，利用长果枝结果的梨树和利用短果枝结果的梨树，同化碳水化合物存在 600 克以上的差距。这只是通过晴天的光照时间估算的，由于阴天同化作用也在进行，所以两者差距会更大。

表 1-1　5 年生幸水梨树展叶经过与 5~8 月同化碳水化合物量的测定值

项目		时间					小计	备注
		4月	5月	6月	7月	8月		
	光照时间	102.7	162.2	133.5	136.2	64.7	599.3	4月中旬~8月上旬
长果枝结果树（A）	展叶数/片	2750	3400	3900	3550	3550	—	
	叶面积/厘米²	152625	188700	216450	197025	197025	—	单株单叶平均为 55.5 厘米²
	同化碳水化合物量/克	—	2448.6	2311.7	2146.8	1019.8	7926.9	8 毫克/100 厘米²
短果枝结果树（B）	展叶数/片	1900	2400	3550	3900	3900	—	
	叶面积/厘米²	105450	133200	197025	216450	216450	—	
	同化碳水化合物量/克	—	1728.4	2104.3	2358.4	1120.3	7311.4	
	同化碳水化合物量差距（A-B）/克	—	720.2	207.4	-211.6	-100.5	615.5	

但一般来说，人们在冬季修剪时只会关注花芽的好坏，基本上会无视叶芽的存在。使用贮藏养分来制造枝叶时既有花芽也有叶芽，必须多留些芽，让4月有更多的叶片展开，这关系到（当年的）果实品质和第2年的产量稳定（图1-6）。

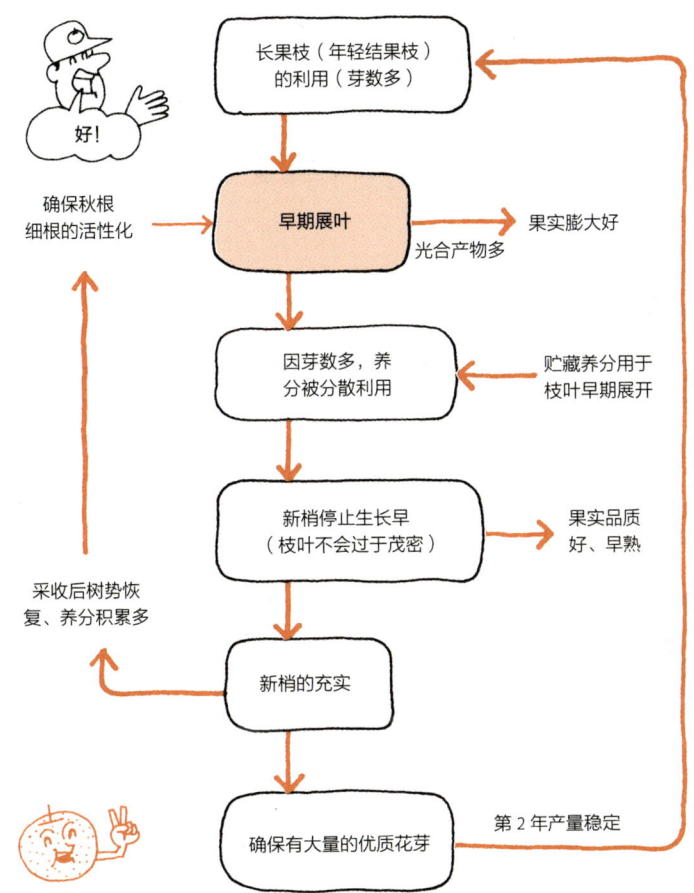

图 1-6　早期展叶好的梨树形成良性循环

◎ 果实是叶片变化形成的

叶片和果实的形状完全不同，但叶芽再分化会成为花芽，不久就变成果实了，其来源是一样的。因此，果台叶的大小、形状直接体现在果实的大小和形状上。对于苹果，被称为中心花的先端花先开花，中心果比侧果大，留下就可以了。而梨则相反，从基部第1朵花开始依次向上开花，要留下果形良好、有可能成为大果的第3~5序位果（图1-7、图1-8）。

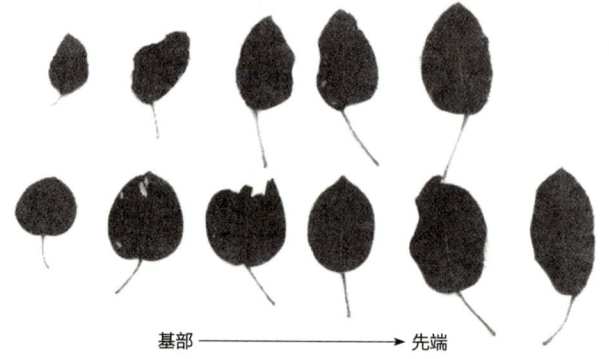

图 1-7　幸水果台叶的形状

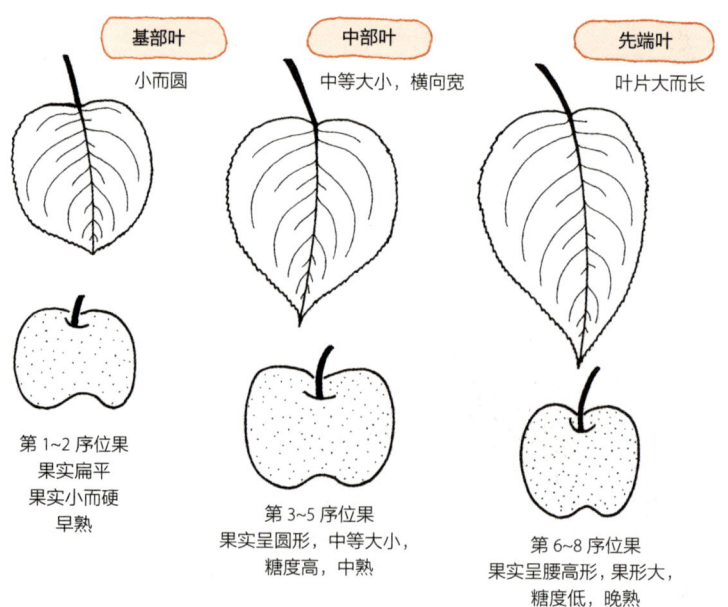

图 1-8　果台叶的形状与果实的形状相似

梨树的叶片从初展到完全展开所需的天数约为 30 天。测量叶片形成数据发现，展叶开始时纵径、横径都是在最初的 5~7 天急剧变大的，之后虽然不会明显变大，但纵向和横向停止伸长需要到展叶后 30 天，叶面积的变化是果实膨大的缩影（图 1-9）。见叶便知果，所以人们说梨的栽培就是叶片制造是有道理的。

幸水的果台叶为 5~6 片，比二十世纪的果台叶少 2~3 片，而且弱花芽的果台叶基部的叶片小。因为叶芽分化变成花芽，再变成果实，所以果台叶大而强壮，生产大果的可能性就大。

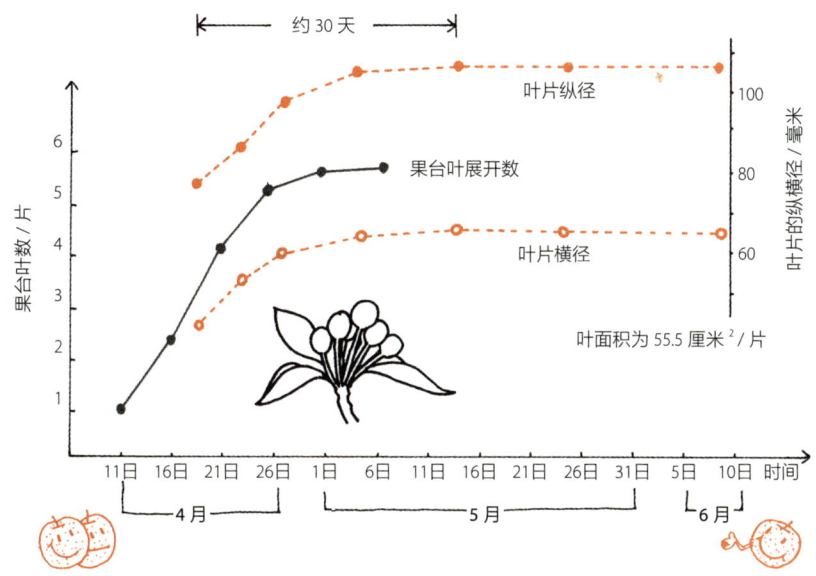

图1-9 幸水果台叶的展开与叶完成的曲线

◎ 种子减少容易出现变形果

试想一下同一时期开花的桃和梨,除了桃红色和白色花的区别,突然被问起时还一时想不起来其他区别。明显的区别如图1-10所示,桃花有1根较大的雌蕊,发育成果实的子房被花瓣包裹着。梨花有5根雌蕊,将来成为果实的部分是花瓣或萼片的下面的那部分。大多数的果实都像桃一样,直到开花结束,子房都被花瓣保护着,不会被风雨侵袭。但梨从蕾期开始,果实部分就暴露在外面,很容易被污染。

另外,大多数果实的子房壁肥厚部分会变成果肉;而梨的子房则被称为果心,一般是不吃的那部分,梨的果肉则是花托(花床)肥厚的那部分。

将梨的变形果切成圆片观察,果心无论有无种子都呈圆形,但没有种子的一侧的果肉变薄。也就是说,其他果树没有子房变形的问题,但是梨的种子有无是引起果实变形的大问题。

种子的形成需要授粉受精,在受精后形成胚胎的时期,必须避免徒长枝乱发和枝条停长过晚而阻碍养分向果实运输。不充实的种子,即瘪籽是导致变形果变多的原因之一。

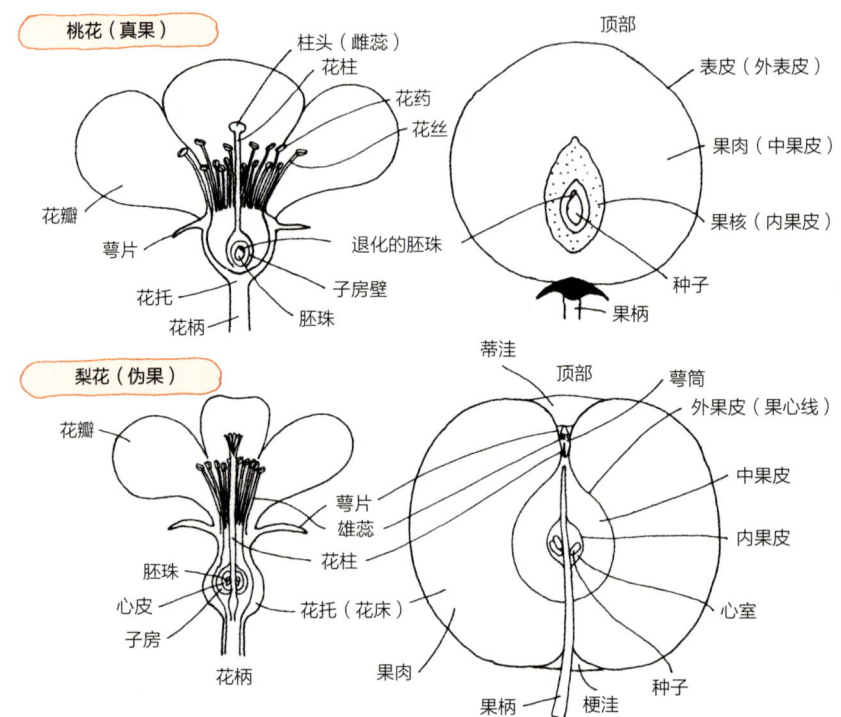

图 1-10 真果（桃）与伪果（梨）

◎ 主要病虫害极多

梨栽培的人工操作环节多，属于劳动密集型产业，药剂喷洒次数也多。虽然品种不同，其主要病虫害多少有所不同，但预防仍是主要工作。

在生长期，新梢约 2 天展 1 片叶，1 周就有 3~4 片叶没有被喷洒农药。随着枝梢的伸长，必须每隔 5~7 天喷洒农药 1 次。

最近几乎不怎么说的所谓黑斑病生理性防治，是指尽可能早地使树枝停止伸长，叶片老化，做到不一直产生新生组织。

虽说不能无农药种梨，但降低越冬害虫密度，在初发时防治，尽早停止枝叶展开，6~7 月的病虫害防治次数就可以减少 3~4 次；对于无袋栽培，只要避免采收前喷洒农药就可以了（图 1-11）。

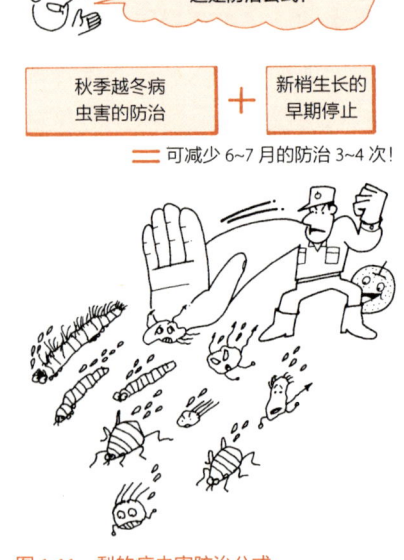

图 1-11 梨的病虫害防治公式

2 从经营角度看梨栽培的 5 个特点

农业的经营形态极其复杂多样，不是可以简单讨论清楚的。但是，若栽培梨，不能做到称得上快乐地经营、宽裕地经营，是不会有新的思路和技术进步的。

◎ 前期偷懒会导致后期花费的功夫大幅增加

在梨选果场，果实被细致地划分品级、等级（大小）[⊖]。品级分为 4~5 级，等级分为 6~7 级，实际上可再细分成 30 类以上装箱。"秀级""大果"的梨与"良级""小果"的梨，同样的产量，其收入的差距可达 2~3 倍。

如图 1-12 所示，梨的管理集中在 4~5 月，要在这个阶段抓好梨园管理。一时偷懒，会使之后的工作变得困难，花费的功夫也会增加（图 1-13）。

比如，不进行疏蕾，一旦任其开花，因花量太大，就很难细致地授粉；坐果增多，又会增加疏果的工作量。而且因为早期展叶的叶数少，必须集中劳动力进行疏果，这样一来，抹芽就做得不及时，导致徒长枝抽生多，到了 6 月又必须进行疏枝，形成反复的恶性循环。

梨树的修剪、诱引、疏蕾、授粉、疏果、新梢管理等与其他果树看起来无异，但要想培育大果，而且不让它形成变形果，就必须切实细致地尽早做好各项管理工作。

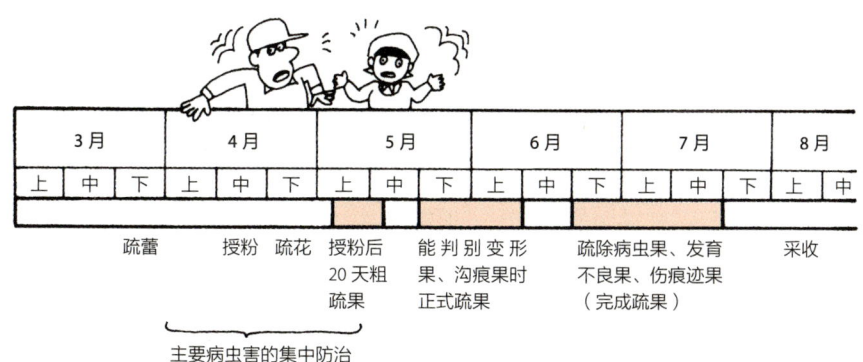

图 1-12　梨树管理集中在 4~5 月

⊖ 在日本，梨的果实品级分为优、秀、良等，等级是按果实大小进行划分的。——译者注

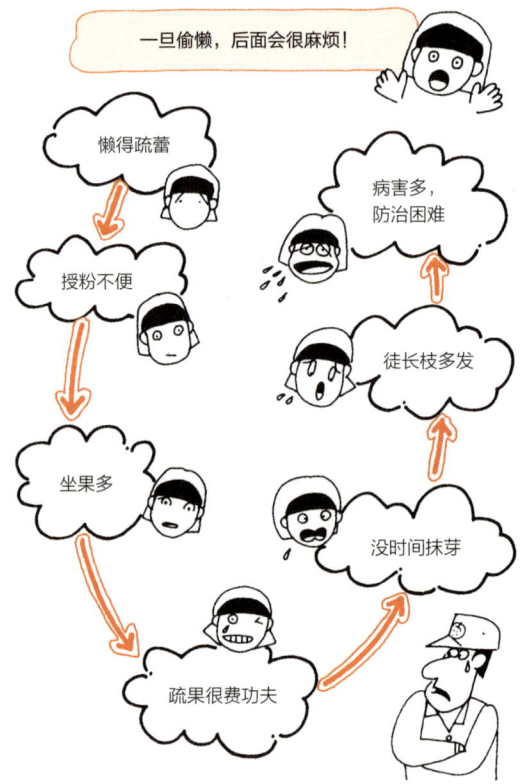

图1-13 前期偷懒会导致后期花费的功夫大幅增加

◎ 生产费用多

建园需要大量的投资，再加上肥料、农药、诱引材料、有袋栽培时用的果袋等，以及劳动报酬等直接生产所需的费用很多，而且销售所需的经费也比其他果树更多。既然种梨，就有必要努力减少浪费，但生产费用不能轻易减少。如果投入财力和人工生产更多好的果实，那么，每个果实、每千克果实分摊的生产费用就会降低。在不降低品质的情况下，必须确保每年达到标准产量。

◎ 采收与销售期的短期决战

二十世纪、长十郎等梨品种采收期长、采收后贮藏性好，而幸水、丰水若集中在一个产地，销售期会极短。为了分散采收劳动力、经营好选果场，产地有计划地选择品种和栽培方式是很重要的。

图 1-14 展示了幸水的栽培方式。通过巧妙地组合这些栽培方式，再加上丰水、新高等品种搭配（图 1-15），能够错开高峰期，使采收和销售顺利地进行。推荐梨产地采用这种组合。

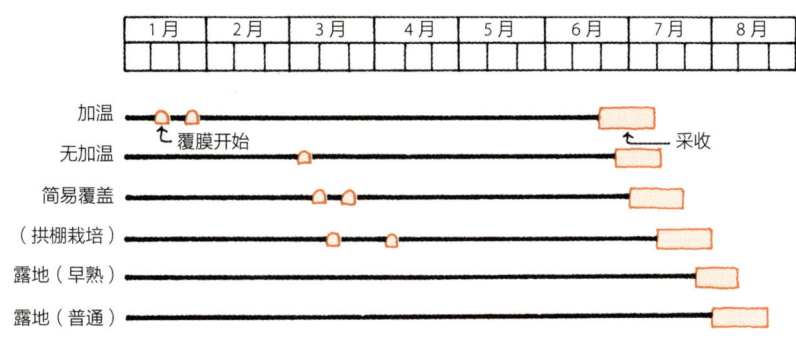

图 1-14　幸水的栽培方式

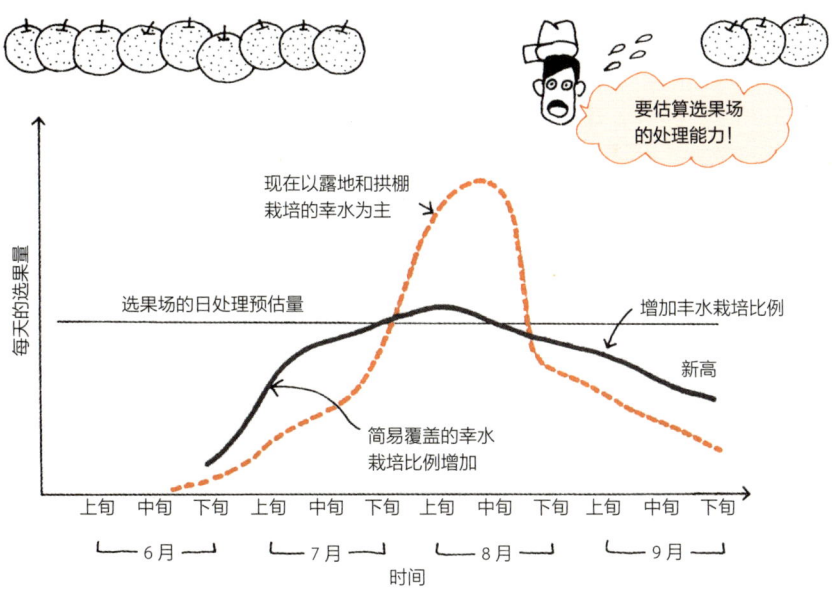

图 1-15　与选果场处理能力相适应的栽培方式与品种布局

◎ 对于设施栽培不宜有过多期待

梨的设施栽培不能指望像蜜柑、葡萄那样增加产量和效益，主要是起到分散集中在 4~5 月的劳动力，达到提早采收的效果，也使售价多少能高一些。

加温栽培能够让梨提早到 6 月成熟，但由于温度、光照不足，其成熟的果实不甜。在蜜柑设施栽培时，将 1 个原本能长到 120 克的果实培育成 70 克的小果，由于浓缩了糖的浓度，所以能感受到浓郁的甜味。但是，梨如果是小果，其肉质硬，就没有商品价值，所以必须生产 300 克的果实（图 1-16）。

仅仅为了"物以稀为贵"而采用加温方式栽培梨，并不是谁都可以采用的，只有少数人能承受。一般会使用能抵御初春强风的简易设施，以将投资降为最低限度，用最少的投资来达到提早结果的目的。

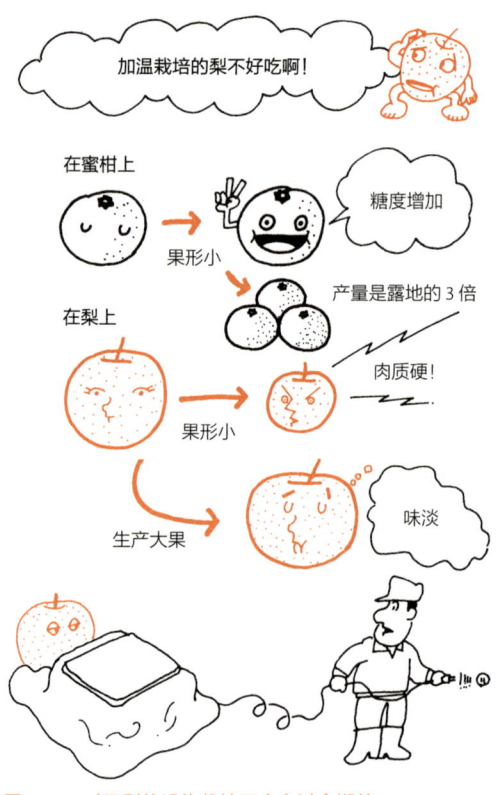

图 1-16　对于梨的设施栽培不宜有过多期待

◎ 用不同树龄的梨树维持稳定经营

果树的扩大种植，主要因项目实施、行政性政策和特定"品种热"等情况而建园。如果是新的栽植地，作为梨的新兴产地也会引来关注。但是到了树体老化时，生产者也会老龄化，难以进行改植更新。

考虑到 5 年后、10 年后的经营情况，建议幼树和初结果树分别占 2~3 成的比例，拥有不同树龄成年树的果园，将会带来产地的活力和经营的稳定。

3 幸水的六大特性

认清和判断不同品种各自的特征、特性，栽培方法也会发生变化。幸水所具有的生长发育特性与二十世纪大不相同，这是人们已经持有的固有观念。要实现幸水的稳定高产、高品质果生产或者使其早熟化，了解幸水是一个什么样的品种是先决条件。

◎ 后期果实突然膨大

幸水虽然是早熟品种，但它的早期果实膨大情况不佳，在采收前会迅速膨大。这个果实膨大特性导致它比其他品种更容易出现裂果、变形果、果梗折断、果面脏污等现象。

梨果实发育大致可分为授粉后迅速膨大、缓慢膨大、成熟期膨大3个时期。开花授粉之后约30天的膨大情况见图1-17，由于果肉不断细胞分裂，被称为细胞分裂期。如果将果实横切，计算果心到果皮下排列的细胞数，授粉后只有20个左右，不到30天就增加到200个左右，是之前的10倍（而这段时间后到采收为止，细胞数基本上是固定的）。接着，进入种子发育期，果实膨大变得缓慢。一般来说，早熟品种的种子发育持续时间较短，晚熟品种的种子发育持续时间较长。幸水属于早熟品种，但种子发育期也很长，从外观来看，可能更多地继承了其亲本菊水的特性。

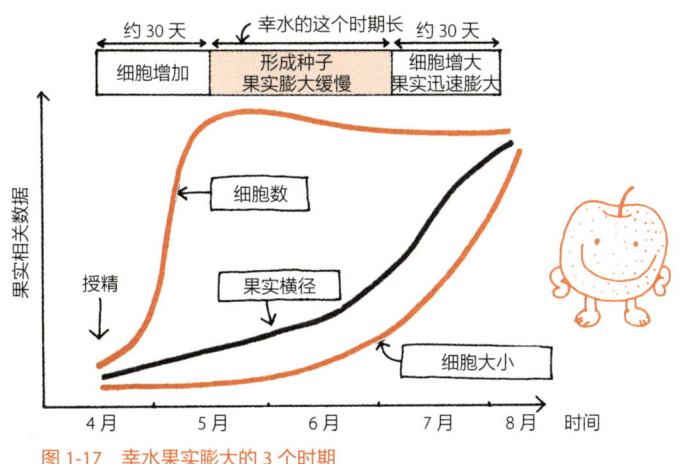

图1-17 幸水果实膨大的3个时期

一般梨果实的心室数是 5 个，每个心室有 2 粒种子，但幸水的心室数不是一定的，很不整齐，种子数量少的果实多，容易出现变形果。

而没有形成胚胎而导致大量瘪籽的原因是授粉不良和枝叶旺盛生长。

从采收前约 30 天开始，果肉细胞开始急剧膨大，果实的纵径、横径也变大。有时 10 天横径会增大约 13 毫米。而同一时期的二十世纪最多只增大 6~7 毫米，所以幸水的果实膨大量是二十世纪的 2 倍。在这个时期果肉细胞急剧膨大，而果皮细胞通过分裂和膨大来支撑着果肉膨大。但是，如果果肉的膨胀力大于果皮的膨胀力，就会引起裂果。

一般从果皮上有伤痕而不膨大的部分、蒂洼的部分（果顶开裂式裂果）等薄弱的部分开始裂果。和二十世纪的果皮相比，幸水的果皮细胞小，不易横向扩展，也被认为是裂果多的原因（图 1-18）。

为防止裂果，目前只能通过尽早疏蕾和疏果让幼果变大。

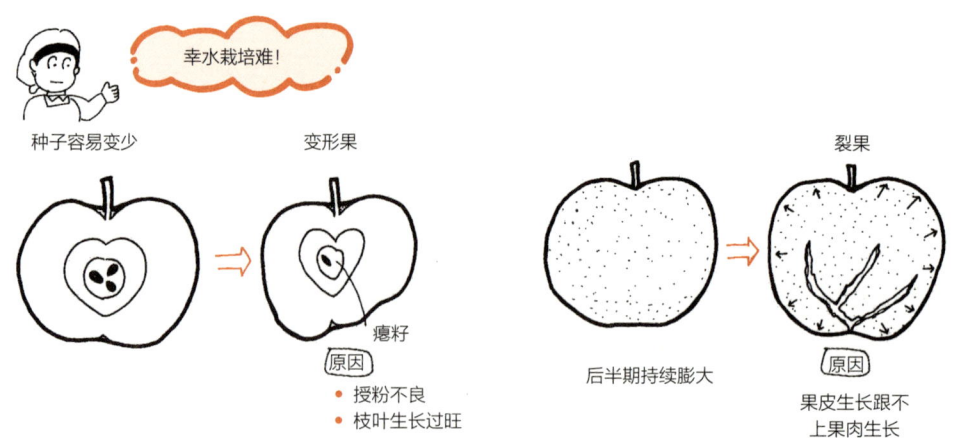

图 1-18　幸水变形果、裂果产生的原因

◎ 幸水是褐皮梨

梨有两大类别，一个是梨果点之间的木栓层不发达、表皮外侧的角质层到成熟前还有残留的绿皮梨；另一个是细胞分裂结束时果点之间木栓层发达，角质层龟裂的褐皮梨（与绿皮梨相对应，所以称为褐皮梨）。

像二十世纪一样套袋栽培新水，其果面会很干净，果皮颜色不是绿色而是褐色的。如果用同样的方法处理幸水，就会变成与菊水相近的黄色而不是褐色。最近的问题是，加温温室栽培的幸水梨是不能变成黄色的，颜色不能改善。既不是绿皮梨，也不是褐皮梨,为了方便表述,称之为中间色,这是幸水栽培难的一个原因。

对于无袋栽培时必须生产出褐色果实的幸水,斑块、黑变等原因引起斑块状脏污也很普遍。无袋栽培时,如果果面不好,其商品价值会明显降低。

◎ 果实含有效多甜味浓的糖类

梨主要含有4种糖,其中,果糖、蔗糖的甜味较浓,而葡萄糖、山梨醇的甜味只有果糖的一半。蔷薇科植物(梨、苹果、桃等)都含有名为山梨醇的糖,它会被运送到果实(从叶片到果实的转运)。山梨醇在果实内被转化为果糖、蔗糖、葡萄糖而积累。根据品种不同,糖的比例也不同。例如,新水含的果糖最多,其他品种在成熟期山梨醇含量也很多。虽然甜味浓是件好事,但也是造成果实味道不一致的原因。

幸水果肉内糖的变化如图1-19所示,它的果实中含有大量果糖和蔗糖,这是其风味稳定的主要原因。丰水的糖含量接近幸水,但由于在采收前蔗糖有急剧增加的倾

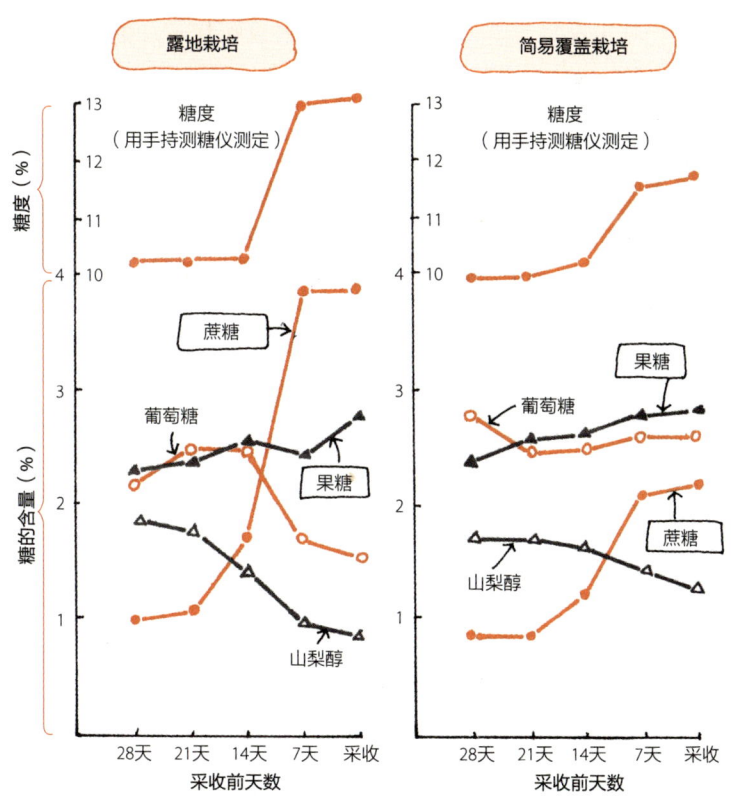

图1-19 幸水果肉内糖的变化(果糖、蔗糖的甜味浓)

向，所以在日本九州地区，其果实味道不一致的现象比幸水少。另外，从图1-19可以看出，与露地栽培相比，简易覆盖栽培特别表现出蔗糖减少的倾向。

提高糖含量的方法是让叶片充分接收光照，光合作用活跃，多生产山梨醇，并想方设法把山梨醇转运到果实里。采收期的判断不是看糖度，而是要看果糖、蔗糖含量的升高。

◎ 将贮藏性差的缺点变成优点

某个品种是成为主栽品种后，辅助品种是否消失，是由生产者、市场零售商、消费者是否能够接受来决定的。生产者要求容易生产、产量稳定、产量多、单价高；市场要求贮藏性好、品质不易下降、没有损耗；消费者要求外观好、味道鲜美、价格适中。这样来看，幸水虽然有受消费者喜爱的因素，但从生产、销售方面来看，是一个极其麻烦的品种，主要是因为它的贮藏天数太短。幸水具有比草莓还坏得更快的致命缺点，但又不能为了弥补这个缺点而采收未成熟的果实。

由于幸水的存放时间不长，零售店不得不把幸水摆放在最显眼的地方，以加快商品的周转。幸水在产地的采收期是15天左右，加上设施栽培，最多也就是30天，由南向北的产地依次过渡，通过不同产地来供应新鲜的果实成为幸水的强项，让其贮藏性差的缺点变成优点（图1-20）。

◎ 树体容易疲劳

7月上旬左右，梨树的新梢基本上生长停止，在这个阶段每1000米^{2}有65万~75万片叶。问题是这些叶片是在什么时候、从哪个部位长出的。叶片从开始展叶到完全展开大约需要30天，开花时展开的叶片已在养分转换期形成，叶片为了果实的膨大与成熟而工作的时间很长，大约有90天。

但6月上旬展开的叶片，7月上旬左右成形，从时间上来看，为果实生长而工作的时间只有30天。从果实生长的角度来看，新梢生长、新叶生成都是细胞分裂产生的新组织，这需要根部吸收的氮肥、叶片制造的淀粉和糖、水，并利用光的能量合成蛋白质，是对同化养分的消耗。

因为幸水用于果实膨大成熟的叶片很少，所以必须多留些叶片，让4月有更多的叶片。幸水的叶片比二十世纪的叶片薄，光合能力弱，如果光照不足、部分枝叶过密，就容易引起黄化脱落。

与其他品种相比，幸水更容易出现采收后叶片变黄的结果疲劳现象，也容易出现

图 1-20　将贮藏性差的缺点变成其优点

花芽不充实现象。利用长果枝结果时，因为将枝条水平地诱引至棚架，本应成为短果枝的地方却容易长成小枝。幸水还容易发生胴枯病、轮纹病等枝干病害和树枝日灼现象，由此导致树势显著下降。

◎ 幸水的根系是秋根型

即使使用同一砧木，因嫁接的品种不同，根系生长、形态也会不同。一般来说，4~5月是新梢生长高峰期，9~10月是根系生长高峰期。如图 1-21 所示，二十世纪在4~5月春根生长量较多，幸水则相反，9~10月的秋根生长量较多。

根的活动受地温的影响，所以寒冷地和温暖地存在差别。

另外，因深耕等土壤改良断根时期不同，细根的伸长时期也会不同。6月中旬以后是肥效的高峰期和根系伸长期，此时在梨园进行深耕、断根，容易造成果实的迟熟，果面也容易脏污。

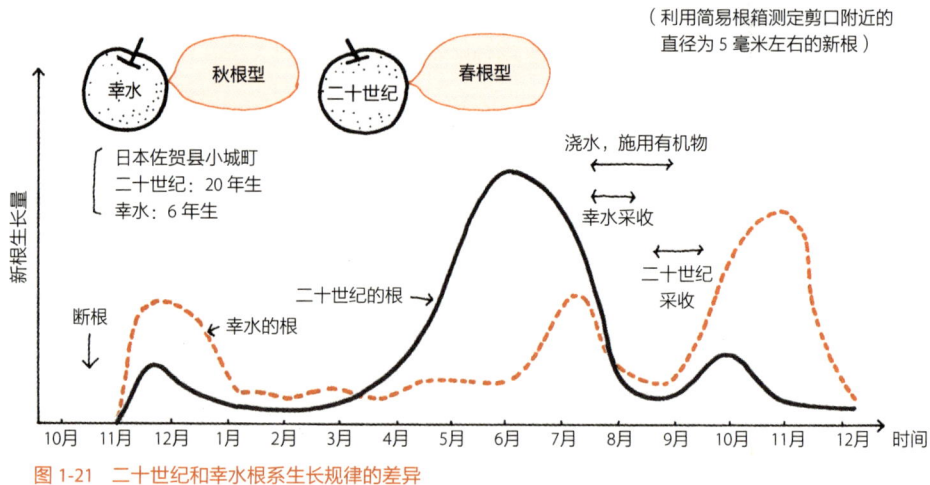

图 1-21　二十世纪和幸水根系生长规律的差异

幸水的优点是它属于秋根型,所以最好是尽可能多地培养活力高的秋根以维持春季生长旺盛。幸水的根系细,比其他品种的细根短,量也少。

4 幸水的一生与栽培要点

梨是以山梨或豆梨为砧木,通过嫁接生产苗木的。尽管现在有用培育了 2~3 年的大苗定植的,但一般都是用 1 年生苗木定植。

持续生长的梨树哪一阶段是幼树,哪一阶段是成年树,不好明显区分。但是,根据花芽的着生量、结果数的变化、主干的增粗等,大概可以估计出来。特别是幸水的树龄不同,生长情况也不同,所以与其所处阶段相适应的管理是很重要的。图 1-22 粗略展示了幸水的一生。

◎ 幼年期

梨树 3~4 年生之前的时期,主干细,枝数少,为了扩大树冠要促进其旺盛生长。到 3 年生时,骨干枝上的短果枝可以结几个果。到 4 年生时,1 株树可以结 30 个左右的果实,这个时期主枝上架部位到先端部位的直径急剧变小,这是幸水的缺点。

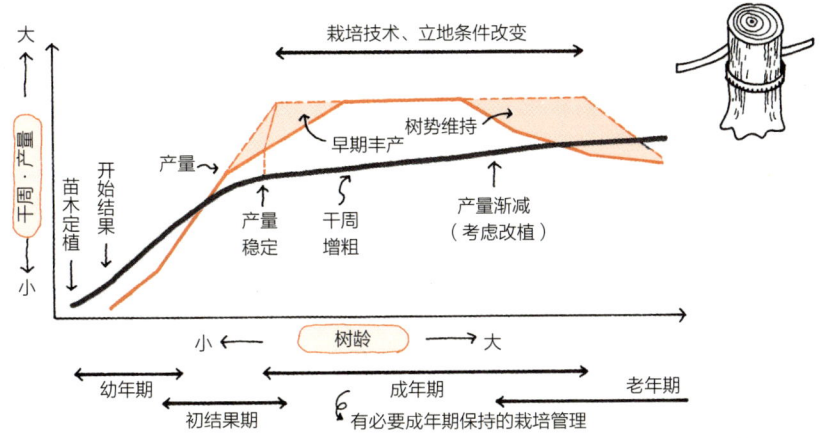

图 1-22　梨树树龄、干周增粗与产量的关系（梨树 13 年生前为实测，13 年生后为推测）

◎ 初结果期

梨树 4~10 年生时是树体骨架大致形成的时期。结果数顺利增长，但整个园内还有空间（未占满），到第 7 年左右树冠内部尚有光照，能生产大果、糖度高的果实。这与二十世纪的情况不同，二十世纪在这个阶段能生产大果，但果实的肉质粗、糖度稍低且不一致。

7~8 年生的树，相邻的树的主枝就会交叉，必须进行缩伐、间伐。在初结果期，冬季修剪后与邻接树的主枝先端的距离达不到 1 米时，先端不能旺盛延伸而变弱，而基部却抽生很多的徒长枝。

特别是从初结果期树过渡到成年期的 8~12 年生树，主干急剧增粗，树姿急剧变化。在这个时期，主枝、亚主枝先端的伸长力一旦减弱，树体会产生很多徒长枝，果实产量难以提高，病虫害多发，在骨干枝的树干、树枝明显看到轮纹病、胴枯病症状。为了保持地上部和地下部平衡，确保结果数，必须注意使先端部强势生长。

◎ 成年期

成年期也叫盛果期。梨树从树苗开始需要 7 年左右的育成年数。所谓培育年数，是指从定植至当年的收益超过生产费用为止的时间，有的为 5 年，有的即使过了 10 年，收支也不能相抵。图 1-23 展示了不同树龄结果数的变化，已过育成年数的初结果期至成年期果实的产量变多，这个时期被称为经济树龄。如何长久地保持成年期（盛果期）是很重要的。从幸水的情况来看，30 年生左右的树就被认为是最老的了，

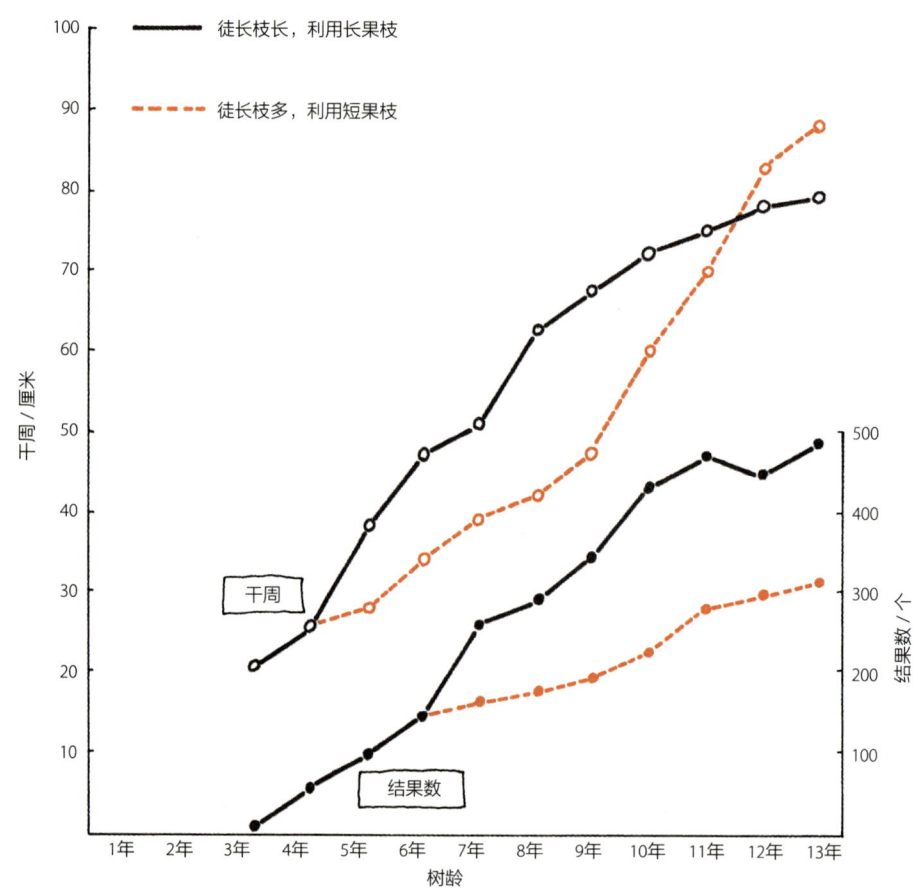

图 1-23　幸水的树龄、干周与结果数的变化

但其种植面积急速增加也仅仅过了 20 多年。

如果二十世纪的经济树龄在 25 年左右，那么幸水应该比它短 5 年左右。

◎ 老年期

二十世纪到 35 年生、幸水到 30 年生的时候会出现缺株，产量难以上升的现象很明显，树势的维持也变得困难，感觉树在老化。即使是 20 年生的幸水，也已经有很多管理起来很费劲。20 世纪 60 年代前后种下的幸水，在 20 世纪 80 年代末就要考虑改植了。

为了经营稳定，需要拥有幼树、初结果树和成年树等不同树龄树的梨园，不至于忙于对老年树救急式的维持，要有计划地考虑全园不同树龄梨树的搭配。

5 幸水 1 年的生长发育与栽培要点

与 1 年生植物不同，果树的生长发育过程复杂而重叠。例如，水稻的生长发育过程为：种子—发芽—幼苗—孕穗（花芽分化）—开花—结果—种子成熟，约 5 个月完成 1 个周期。树木以梨树为例，图 1-24 展示了幸水 1 年的生长发育与栽培要点。果树，特别是梨树，开花的同时开始展叶，果实生长的同时叶面积形成，早期停长枝先端的芽在 6 月左右开始花芽分化（短果枝），到 7 月时新梢的腋花芽分化（长果枝），8~9 月果实采收。从果实采收开始，树体中以淀粉和糖为主体的贮藏养分积累到落叶期为止，之后，芽进入休眠。

对于 1 年生植物来说，只要按前半段的营养生长和后半段的生殖生长进行区分管理就可以了。梨的营养生长和生殖生长同时进行，为了第 2 年的生长结果，要进行花芽分化和树体养分积累，所以一方面要管理当年结的果实，另一方面必须为第 2 年结果进行必要的管理。

如果只关注当年的果实，到了冬季花芽的量和质都会成为问题。熟练掌握果树一生、1 年的生长发育要点，让经济树龄长久保持，以及保持每年的产量和品质是果树栽培技术的目标。

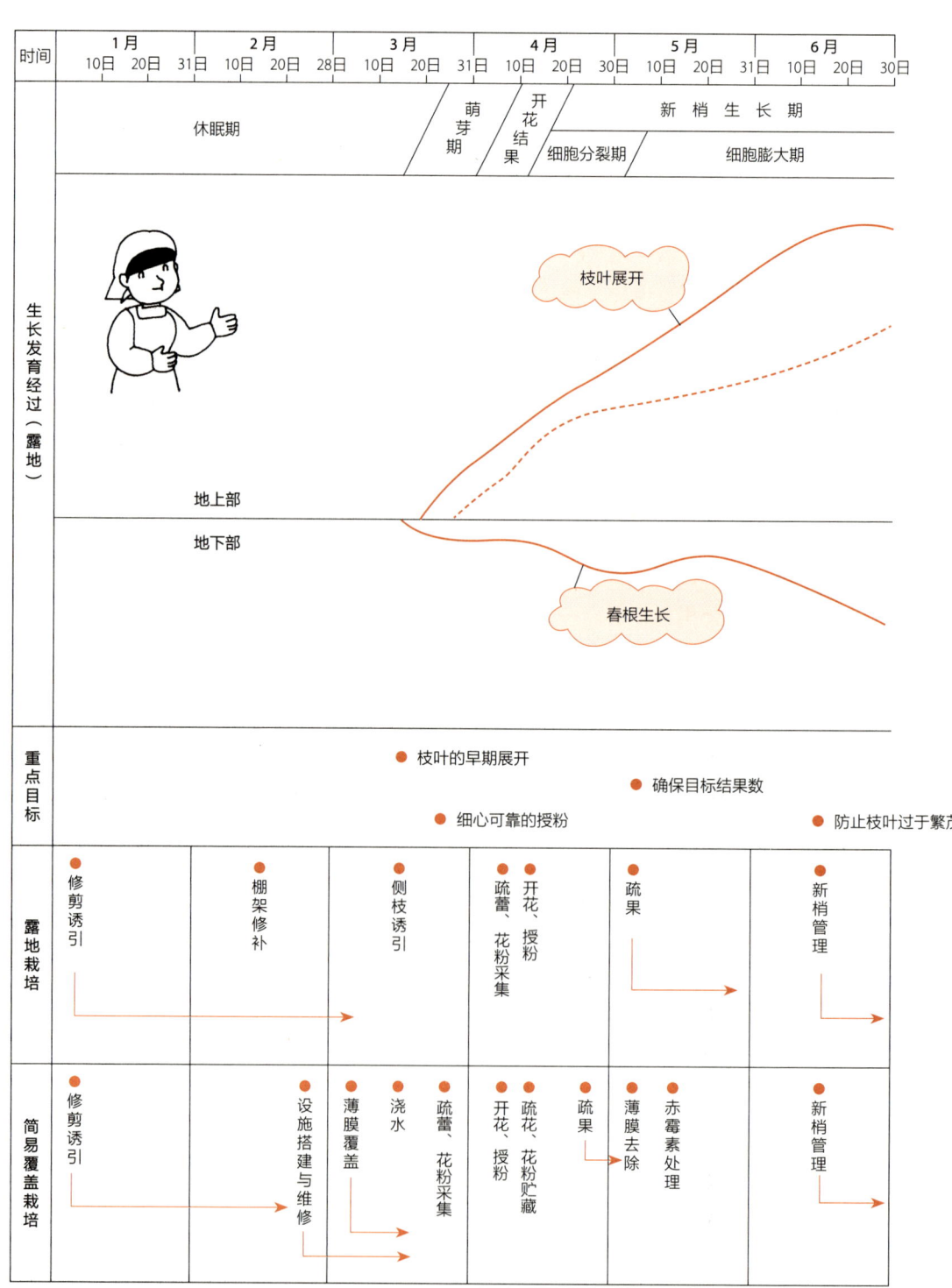

图 1-24　幸水 1 年的生长发育与栽培要点

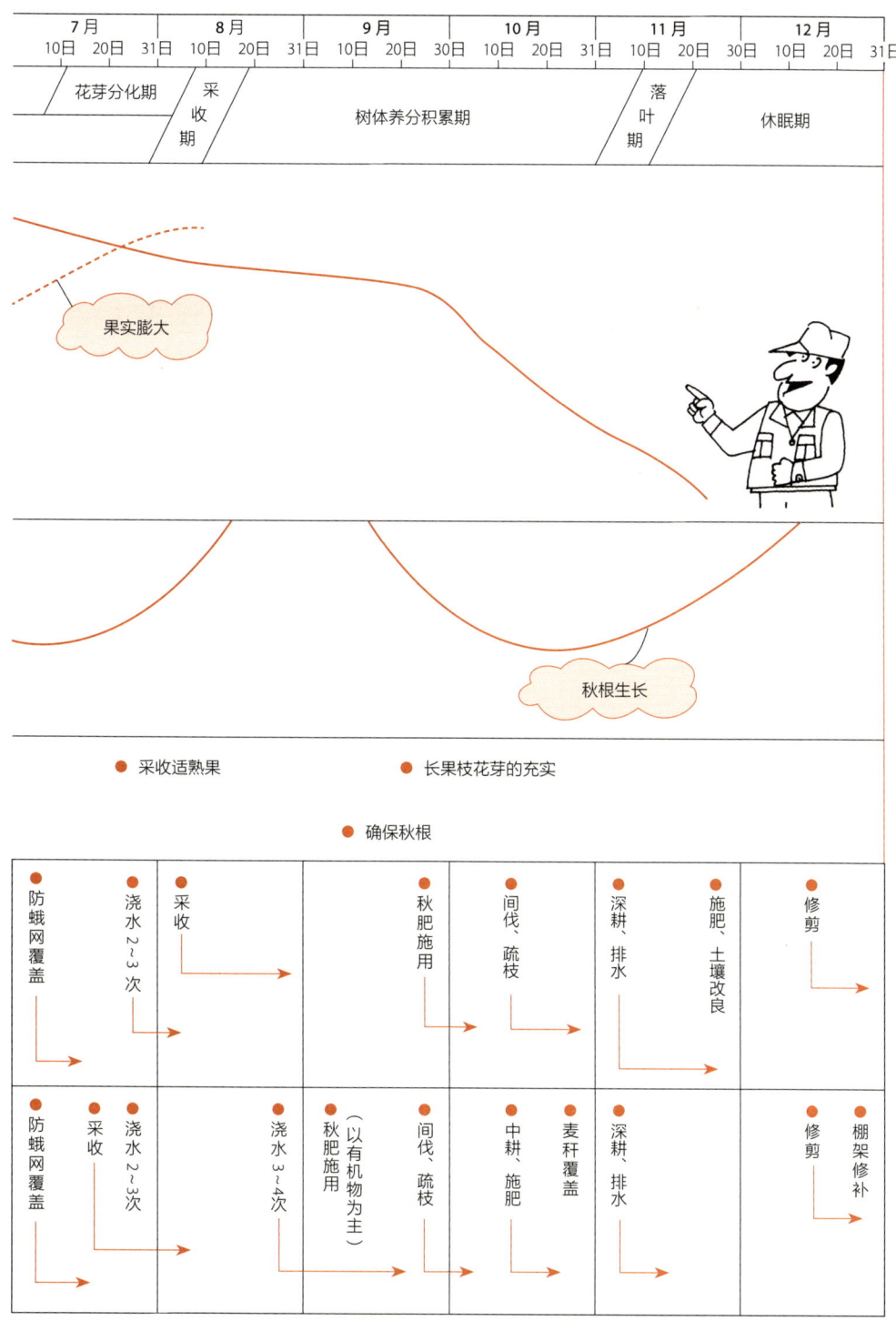

第 2 章

采收后的管理

1　梨的栽培从采收后开始

幸水作为主要栽培品种，若采用设施栽培，采收期会提前很多。露地栽培的果实7月上旬开始长大，而有的设施栽培梨园就已经采收结束了。从梅雨末期到盛夏，采收结束后叶片变黄、脱落。

如果采用露地栽培，采收时会忙得不可开交，采收结束后的梨园被搁置，等注意到的时候，徒长枝变得粗大，重要的结果枝、预备枝、花芽因光照不足而不充实的情况很多。

和眼前的采收工作相比，刚采收完的梨树的管理，因为没有直接关系到赚钱与利益，所以被抛在了脑后。

但是梨栽培的关键是制造叶片和制造根。对果实生产最有用的叶片被用于制造贮藏养分。而利用贮藏养分的有叶芽，也有花芽。水稻种子中的胚乳有相当一部分是贮藏养分，而梨在树枝和树根贮藏养分，与水稻胚芽相当的部分是梨的芽。

正如种植水稻要从获得好种子开始一样，栽培梨也要从培育好的叶芽和花芽开始。

2　创造有效利用秋肥的条件很重要

从采收后到落叶期间尚处在气温和地温较高的时期，分2~3次施用秋肥，即礼肥，又称还阳肥，每次施用的化学肥料或复合肥料的氮素含量为2千克。

秋肥施用是为了使生长较快恢复，并不需要大量施用。特别是幸水的根细而弱，发生数量也少，所以大量施肥会导致根系损伤，也会成为扰乱树势的原因。

秋肥必须从根部被迅速吸收，起到充实芽或枝条的作用。因此，更重要的是为让施用的肥料被根部吸收到而做好准备。

在幸水的栽培中，为了保护根部，特别是在盛夏期，必须尽可能使地温不上升。将园内外的草铺在主干附近，施用堆肥等有机物，在伏天持续干旱的季节，要保护好近表层的根系。任由土壤裸地化干旱，或者相反，任杂草生长的梨园撒施化学肥料是没有效果的。

3 夏季干旱对生产打击大

夏季高温干燥对根的伤害比想象的还要大。特别是，在梅雨期生长过于繁茂，根部受到湿害之后紧接着是伏旱天持续，土壤水分不足，树就会有所反应，严重时树会枯死。叶片在绿色状态下脱落，这是叶片为了限制叶面蒸发而采用的自卫手段。或者白天有叶片下垂现象，这是日常生活中常见的缺水表现。

生产 1 克的干物质需要 400 克水。幸水的果实产量为 3 吨的情况下，其中干物质占 10%，为 300 千克。新梢的叶、枝条和根 1 年的干物质增加量假定为果实产量的 5 倍，则为 1.5 吨，合计每年生产 1.8 吨，其所需的水量为 720 吨。1 吨水相当于每 1000 米^2 土地上 1 毫米的降水量，所以 1000 米^2 土地需要 720 毫米的降水量。4~10 月，日本九州北部的降水量在 1200 毫米以上，但梅雨期和 9 月降水较多，5 月和出梅后的 7~8 月降水很少。假设 1/3 的降水量（400 毫米）可以被利用，还有 320 毫米降水量不足。

在光照弱、气温低的 5 月，降水不足的问题不大，如果盛夏期还是只有这样的降水量就会水分不足，这个季节灌溉补水的效果很大，可以促进根（秋根）的旺盛生长（图 2-1）。

开始浇水的时间标准：进入 7 月如果晴天持续 3 天，第 1 次浇水 10 毫米左右。露地栽培的幸水在 7 月上中旬是果实急剧膨大的时期，土壤水分过多和不足都容易助长裂果产生。出梅后等不到雨再浇水，或是因为采收没有时间浇水，导致树势削弱的情况很多。为了避免这种情况的发生，每 3 天晴天就要浇 1 次水，接着 5 天晴天就要浇 20 毫米的水，之后再每间隔 7 天左右浇 20 毫米的水。

不能确保水量的情况下，在每株树树下挖 5~6 个小槽浇水，用少量的水就会有效果。

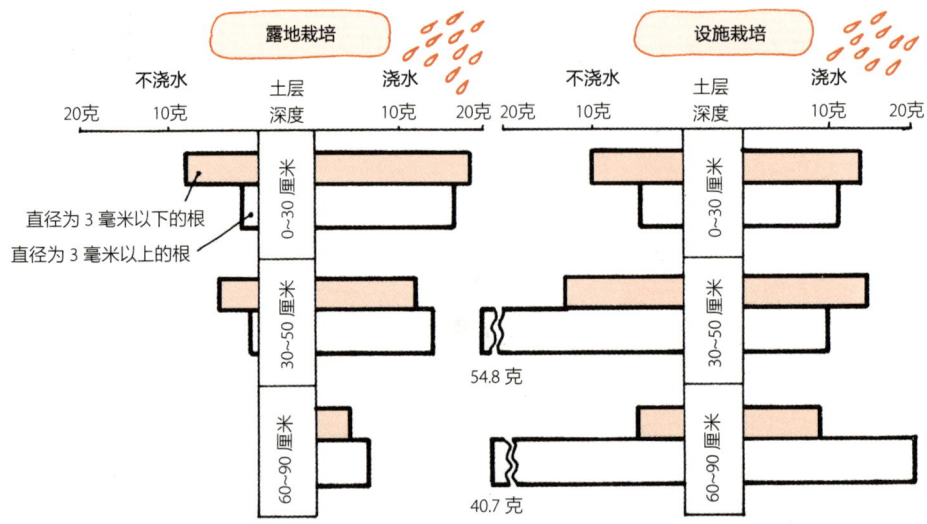

图 2-1　采收后浇水促根（幸水）

在距离主干 150 厘米处挖边长为 50 厘米的四边形进行调查，每株树取 2 个点，取 3 株的平均值

4 采收后在土层表面施用有机物

到了土壤改良时期，即使想要寻找有机物，也很难收集到，所以最好提前 2~3 个月进行准备，以覆盖的形式施用就可以。6 月覆盖麦秆、除草后在园内覆盖也有助于防止地温上升。这样杂草完全枯萎，稍微使之风化后放入土中的障碍也少。

堆肥在采收后立即在梨园表面施用，这样既安全又有效。堆肥的种类非常多。材料和腐熟度不同，从外观上看更是千差万别，从牛舍里拖出来的东西和像是花了 2~3 年做成的像土一样的堆肥都有。化学肥料在成分上可以明确表示施用多少千克，但堆肥却不能那样表示。

一直以来，在栽培二十世纪的梨园里有这样一句话：凡是粪和带粪字的肥料都不要用。因为它们会导致果实迟熟、糖度低、果面脏或黑斑病（图 2-2）。

但是，幸水的树势容易变弱，细根细且量少，而且是秋根生长型，因此为了提高根的活力，有机物特别是堆肥的施用是重要的。如图 2-2 所示，如果进行适当的土壤管理，能使细根增加，树势增强，还能够抵御不良天气。另外，施用内含物较杂的堆

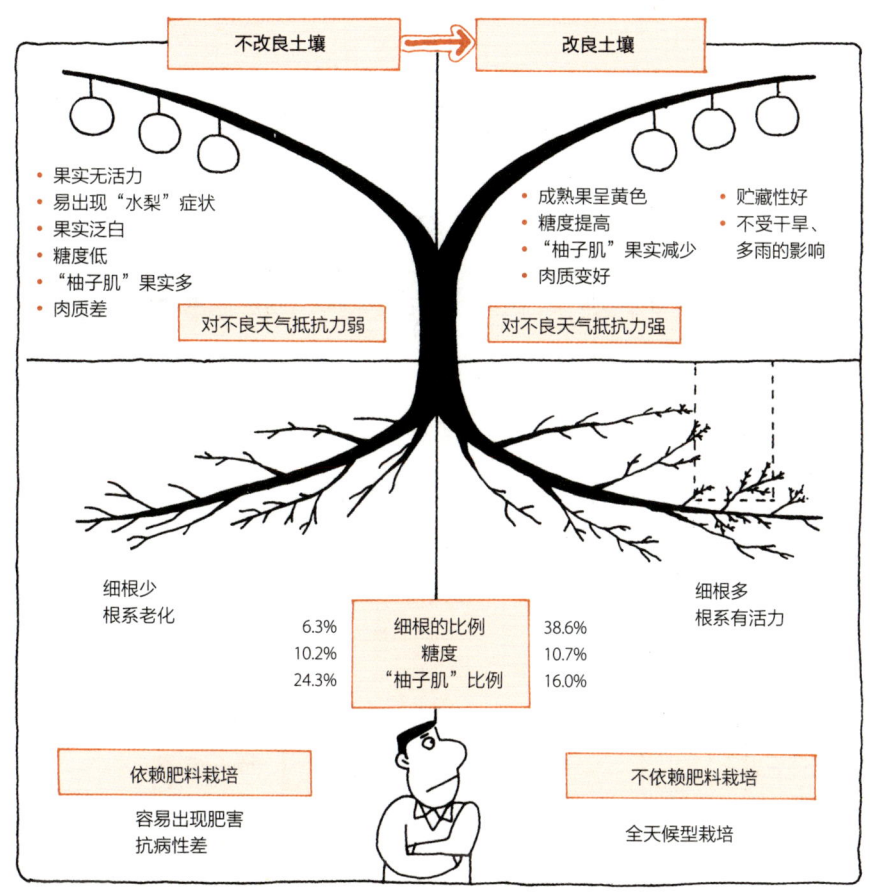

图 2-2　二十世纪梨的土壤改良效果（12 年连续深耕）
注："柚子肌"指果皮不光滑，像柚子皮那样凹凸不平。

肥，不产生反效果的施用方法是在采收后立即直接在土壤表面散开施用。

温暖地区的幸水在 8 月中下旬采收结束，之后 2 个月未腐熟堆肥置于强光和风雨之下，含有较多的主要肥料成分氮素被分解，一部分作为秋肥被根系吸收，其余的大部分都流失了。其残渣在中耕、深耕时填埋即可。若这样考虑，从采收到落叶期间没有间隔期的梨园，或者腐熟程度与品种成熟不同步的梨园，堆肥的表面施用更重要。

堆肥的施用因降水流失较多，在地温高、堆肥分解快的温暖地区，每 1000 米^{2}可以消耗 1 吨堆肥。因此，为了维持地力，至少需要 2 吨堆肥以增加腐殖质；如果为提高保肥、保水能力，则需要 3 吨堆肥。

5 趁着叶片健全时进行间伐、缩伐

感觉梨园处于密植状态，必须进行缩伐和间伐了，因培育多年而对梨树有了感情及贪欲，但缺乏对其后果研究而没有实施间伐和缩伐。落完叶后，园中空隙变得显眼了，间伐或缩伐时就会花很多时间考虑是剪还是不剪，结果还是只将过于郁闭的枝条诱引填补到看似有空间的地方就算了。即使对掌握了精湛技艺的梨栽培者，也会因夏季枝条生长过于繁茂，棚架下没有光照，反复出现果实大小参差不齐、果实品质下降问题，如图 2-3 所示。

果实采收结束时按计划进行间伐，或者砍掉之前缩减主枝变成 2 根或 1 根的树，

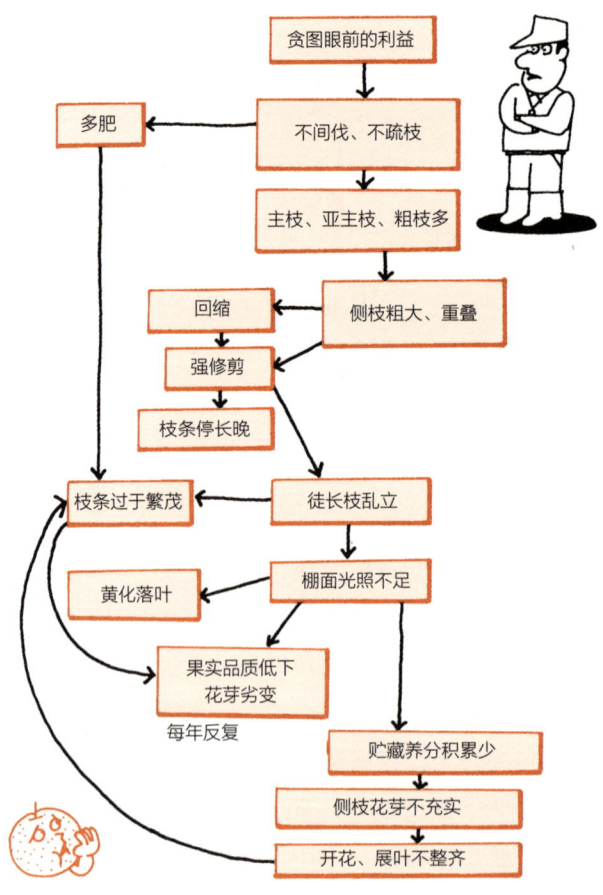

图 2-3 生产水平难以提高的梨园的形成过程

就会产生架面空间。但是，即使像原来那样用枝条填补架面空间，似乎也很难复原。但如果进行间伐，因为空间增加较大，容易让人觉得下一年的结果数量会减少，其实不必担心。

缩伐比间伐更难。疏除1根或2根主枝，或者回缩主枝的前端，因修剪方法的不同，有可能导致徒长枝林立。

粗壮的树枝、树干、树根中贮藏着养分，由于树冠被压缩，留下的芽数极端减少，树体的贮藏养分就会助长徒长枝生长。别说是果实生产了，多数邻近树的光照都会变差。

如果夏季剪枝，就等于剪掉了健全而正常工作的叶片，贮藏养分会相应减少，树势也会明显下降。所以，对于想要扩大树冠的树来说，就不能这样修剪。但确定在冬季修剪一定要缩剪的枝条，相反通过夏季修剪可以减少贮藏养分，缓和树势。

为了切断"缩伐—徒长枝"这一通路，最好的方法是在叶片健全时回缩枝条，压缩树冠。

6 秋季疏枝体现技术水平的高低

◎ 疏枝的目的

幸水多利用于长果枝或2年生结果枝结果。越是进行设施栽培，就越需要大而长的长果枝。如图2-4所示，营养枝的基部直径为1~1.2厘米、长度为1.0~1.2米，芽数为20~25个，能结出6个果实的长果枝是最理想的。

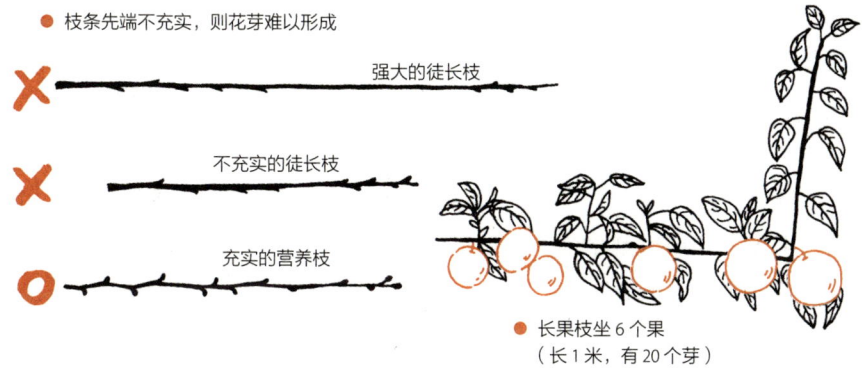

图2-4 秋季疏枝使营养枝充实、花芽整齐

要想长成这样的长果枝，就应该让营养枝先端至基部光照都充足，使花芽充实，这就是秋季疏枝的目的。另一个效果是秋季药剂防治可以很好地到达新梢的顶端，确实降低越冬病虫害密度。从长远角度来看，由于疏枝对树形的改变，更容易实现生产稳定。

◎ 疏枝的最佳时期

在日本，一到9月中旬会下秋雨，地温也下降，秋根开始生长。与刚采收时相比，叶色也开始恢复，变为绿色。从这个时期到落叶期，徒长枝会出乎意料地变得粗大。在采收期，原本基部直径约为1厘米的徒长枝甚至可以长到3厘米以上。在幸水采收最迟到8月下旬结束的温暖地区，以秋分前后3天的那周为中心进行疏枝。在采收较晚的地区，为了恢复树势和贮藏养分，徒长枝的叶片也必须利用起来（让其进行光合作用），要等到10月下旬左右才疏掉徒长枝。另外，像西南暖地那样没有枝叶郁闭问题的地方，没有必要采用秋季疏枝的方法来削弱树势，而且秋季疏枝也不用每年连续采用，连续进行2年或3年后，停止秋季疏枝2年，根据枝条的生长情况酌情进行。进行轻修剪或保持叶片应有空间程度的疏枝是为了调节树势而进行的，疏枝后还是要回归基本管理技术。

◎ 疏除什么样的枝条

图2-5可以看出疏除枝条的情况。首先是亚主枝和侧枝主从不分的树，每株疏除1~2根枝龄大而粗的侧枝。然后，疏除基部直径粗、长1米左右没有叶片的侧枝和在基部着生3根及以上徒长枝的侧枝。这样的侧枝每根主枝疏除2~3根，每株疏除10根，树冠内部就会变得相当透光。接着，疏掉主干附近长200厘米的徒长枝，尤其是要疏掉在主枝、亚主枝背上的直立徒长枝。这是到落叶期疏除的枝条大、剪锯口大的原因。

若徒长枝强大，主枝、亚主枝的先端就会变弱，主枝增粗会受到抑制。

◎ 培育先端优势型树形

徒长枝林立，不断变强，与邻接树交叉处的主枝顶端失去延伸的力量，像图2-6那样的以主干为中心形成金字塔形的叶幕层。要将这种先端强势生长的树形向先端部叶片层厚的杯形改变（图2-7）。

从根部吸收的水用于养分的运输和同化作用，另一个重要作用是用于蒸腾作用。从根部吸收的水主要从叶片的气孔变成水蒸气排出，以调节树体温度。被称作根压的

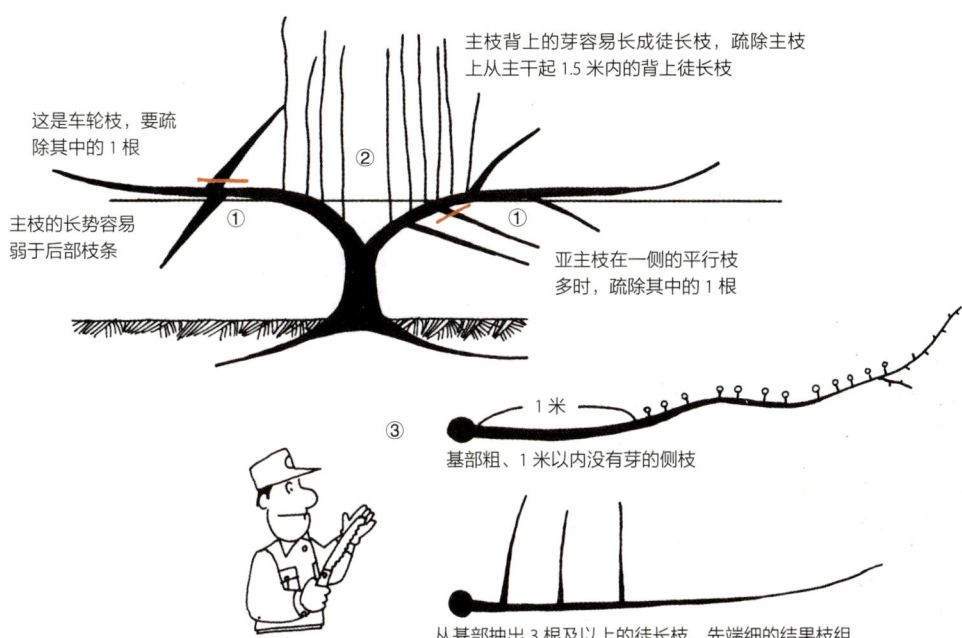

图2-5 疏枝。首先疏①,其次疏②,最后疏③

● 改造成主枝先端强的树形

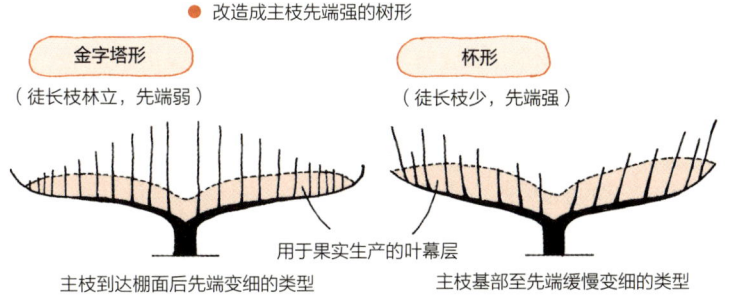

图2-6 从金字塔形到杯形,树形改变能实现高品质稳产

图2-7 多为从先端抽出强枝的杯形树的好梨园

水的向上压力来自大气压和气孔排出水,这两个"泵"保护着树体不被日灼,也可以称作是"水冷空调"。

基部立着几根长枝会形成很多营养旁路,处于营养旁路的枝条多年轻而直立,蒸腾作用强,离"水源"近,所以变得更粗。另一方面,在先端部分,水分和养分都供应较少,所以枝条延伸力变弱。由于叶片不茂盛,光照自然变好,果实早熟,但肉质坚硬。

"水冷空调"的主配管必须与主枝、亚主枝的先端直接连接,侧枝或徒长枝要用细管作为配管。为此,主枝,亚主枝的先端要有 2 根长 1 米左右的新梢来保证延伸力量。二十世纪很久以来都要求有 1.5 根新梢;幸水、丰水先端容易衰弱,枝条竞争力多较弱,需要有 2 根强枝。先端有力量,果实的生产力自然就会变强。

再者,早熟品种和晚熟品种如果没有徒长枝那样的强势延伸能力,果实是不会变大的,产量也上不去。栽培幸水的情况下,为了培育长果枝,留下更多的预备枝作为徒长枝的代替品,在主干附近留几根也可以。

◎ 培育饭团形主枝

把亚主枝横切(可以用间伐树的树枝观察),从树枝的斜上方或背上易抽生徒长枝,形成上大下小的倒三角形(图 2-8)。这是因为与枝条侧位抽生枝条相比,枝条背上更容易抽生新梢,又临时利用了这些新梢。但是这些新梢很快就会变强,此时就要疏除掉,这样一来,枝条又会抽生,在这样循环往复的过程中,新梢从枝干的下侧抽生变得困难,形成倒三角形的主枝、亚主枝。

为了形成下部大的饭团形枝,最好去除枝条背上的芽,不让其抽生新梢(图 2-9),对可能长成徒长枝的新梢尽可能在它变粗之前疏除,让主枝(横切面)上部不要增粗。

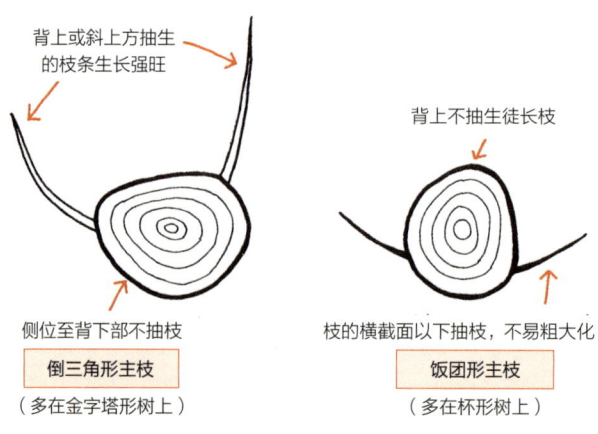

图 2-8 将主枝横截面向饭团形方向培养

图 2-9 枝条背上抽生的新梢

◎ 加大树枝的剪锯口

修剪树枝时,因其部位或切痕的利用方法不同,锯的使用方法有微妙的差异,这是二十世纪的修剪特点。当要求"肘向下"锯枝时,通常都是为了尽可能不保留徒长枝基部组织,水平地使用锯子;当要求"留下皱褶"时,多是为了侧枝更新,使用锯子的方法是基部的上侧不留,让其下侧抽生新梢而留下隐芽。

幸水的枝条(剪口)容易向内干枯,所以为了像图 2-10 那样疏枝不留残余组织是很重要的。这样剪锯口就变大了,特别是临时亚主枝的切口,因为是从主枝的两侧锯入的,锯口非常大,但愈伤组织形成很快,愈合也很好。

疏除徒长枝时,也要像图 2-11 中所示那样,尽可能剪或锯得深一些,避免在相同的地方重复抽生徒长枝。如果残留的徒长枝组织再次抽生新梢,就会发生向内干枯形成枯的现象,因此必须注意剪锯口的深度。在剪锯口处涂抹硫菌灵伤口保护剂等,防止胴枯病的侵入。

图 2-10 枝条的剪锯口大
A:为预防轮纹病而涂布伤口保护剂
B:枝条剪锯口大有利于伤口愈合(不留被剪下枝的残余组织)

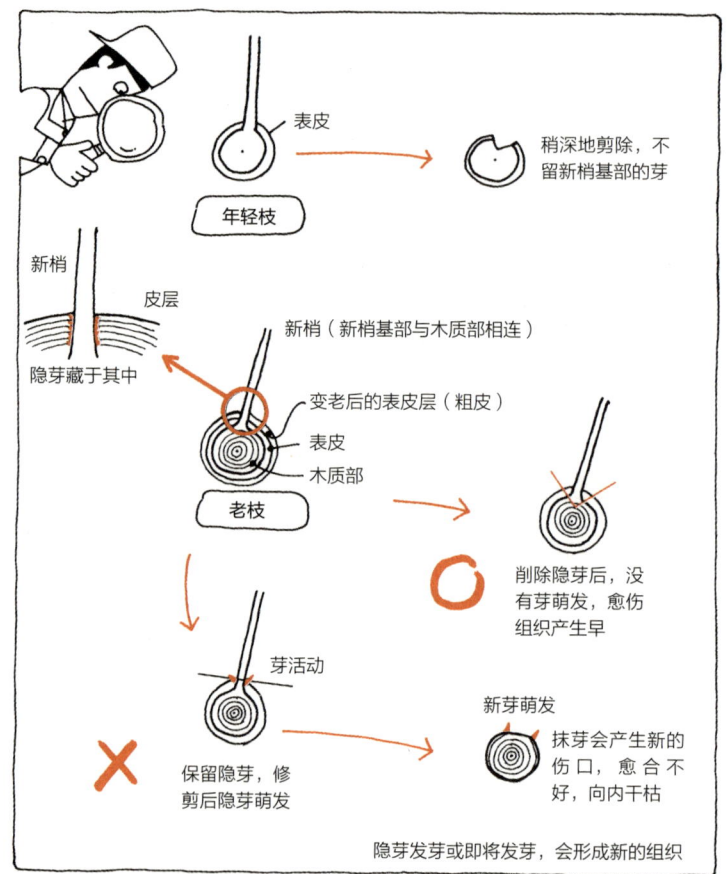

图 2-11　疏除徒长枝时不留隐芽

7　秋季抓紧防治病虫害

  梨和苹果的主要害虫多，喷洒药剂的种类和次数很多。但是，从开花到采收期，即使是在果实挂在树上时，也希望能减少喷药次数。由于幸水是无袋栽培的，希望能减少多余的喷药次数。

  充分理解病害的性质、特征和害虫发生生态，培养观察能力是很重要的。如果说充实的侧枝培育是梨栽培的开始，那么采收后的秋季防治也是病虫害防治的开端。认为今年的梨采收了，防治也就结束了，还是认为这是明年的第 1 次防治，其体现的管理细致程度就不一样了。

　　间伐、缩伐和徒长枝的疏除可以使喷洒的药剂容易到达营养枝的顶端。尽管如此，冬季刚开始修剪的时候，还是发现有很多梨园的枝头的芽呈呆芽（萌芽期不萌发的芽）状，枝条中部有轮纹病的病斑，还有很多满是红蜘蛛卵块。黑星病或二十世纪的黑斑病因为是在初春发病，是无法预防彻底的。为了不把病原菌留到第2年，要在采收后进行彻底的防治。在8月采收结束的温暖地区，秋季防治的次数也多达5~6次，但生长发育期的防治辛苦会减轻不少。

　　到了10月左右，如果有树叶比周围的树更快变黄、树势突然变弱，要挖出树根，确认有无白纹羽病，如果是白纹羽病，则要尽早治疗。把根挖出，用药剂充分冲洗，之后与土壤改良剂一起回填。春季萌芽期觉得芽不正常时则为时已晚。本病在果形大、品质好的年份特别危险。在没有可靠防治白纹羽病的方法和药剂的情况下，只能尽量在症状轻时及时发现，耐心治疗。

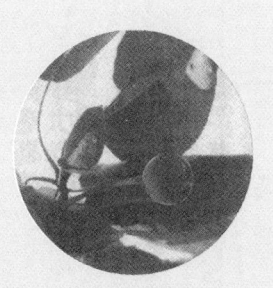

第3章

秋季至休眠期的管理

1 深耕和中耕要趁地温高时进行

前面说过，在幸水栽培中，秋根尤为重要。秋根的生长因（土壤、气候）条件而异，一般从8月末开始生长，但主要生长高峰在9~10月。园内的中耕在进入10月后要尽快进行，排水或深耕挖沟也要在10月末结束，回填在落叶后进行也没关系。

◎ 冬季深耕浪费贮藏养分

一到深秋，梨的树叶就会变黄并开始脱落。在落叶期前观察树叶，开始是叶柄呈红色，接着叶片的主脉也会变红。叶柄是绿色时，不用力拉是不可能摘下来的，但是如果变为红色，叶片很容易从叶柄的基部脱落。也就是说，接近落叶期，离层开始形成的信号是叶柄带红色。如果发生了离层，就像图3-1中氮素的活动一样，养分和水分的移动变少，叶片的光合能力也变弱，同化养分不能进入树枝、芽。另一方面，结果枝的糖和淀粉会移动，贮藏在树枝和根部。

树枝中的贮藏养分在使梨树免受冻害的同时，萌芽期用于芽的充实，或者作为维持树体和根的活动能量用于冬季消耗。根中的淀粉、糖在9月下旬时非常少，之后随着冬季的到来逐渐增加，在萌芽前达到最大，然后在营养转换期降到最低。

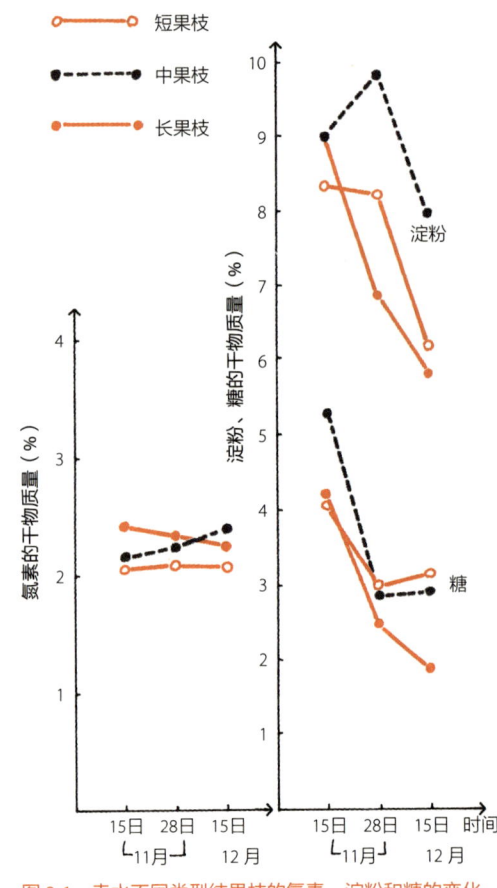

图3-1 幸水不同类型结果枝的氮素、淀粉和糖的变化

在中耕的情况下，细根的更新程度虽然仅限于断根，但有可能切断中根、粗根的深耕如果不在大量的贮藏养分向根部转移之前进行，那么好不容易贮藏至根部的养分就会被浪费，同时秋根也会被切断。

◎ 深耕到11月底结束

10月中旬~12月，不同时间在深30厘米的位置切下直径为5毫米左右的根，观察愈伤组织的形成和新根的生长。结果如图3-2所示，10月中旬断根时，2周后新根生长，1个月后（11月中旬）可以观察到新根；但12月中旬断根的情况下，直到第2年4月新根都没有生长。

成熟期晚的中晚熟品种，可以依赖春根。但早熟的幸水必须靠秋根应对旺盛的萌芽、展叶，所以最迟也要在11月中旬趁地温还高时深耕，想办法让秋根生长。

推迟到12月或第2年1月进行深耕，在投入有机物的情况下，新根的生长会推迟到6月。如图3-3所示，秋根少，有机物的分解产生的肥效相应地迟效，新梢生长晚，果实膨大延迟，容易造成果实表面脏污。这是造成斑点果的原因，所以最好不要错过深耕时机。

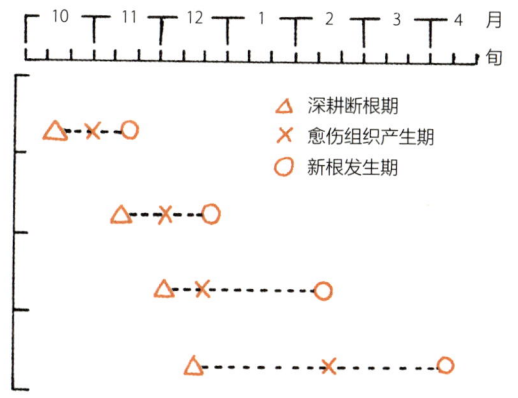

图3-2 深耕断根期和深30厘米处的新根发生期——叶柄变红开始断根，促进新根发生

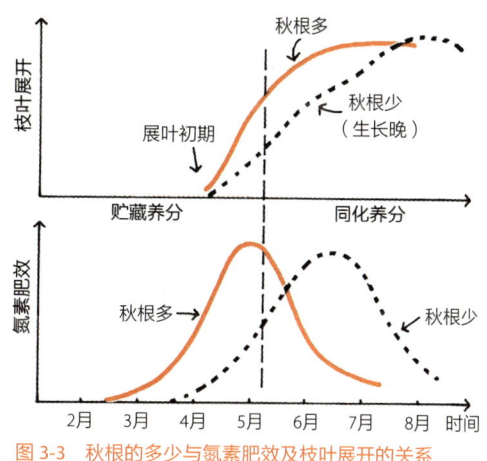

图3-3 秋根的多少与氮素肥效及枝叶展开的关系

◎ 盲目深耕是有害的

最近采用机械挖沟（图3-4）使深耕轻松很多。但是，因沟的深度调整和末端的排水等几乎没有进行，造成积水的例子非常多。即使只比园内道路高出约1米，倾斜地下面的树也生长不好，以为是白纹羽病，结果却发现只是根腐烂。在挖沟渠之前先

考虑水如何流动，考虑完成所需的劳动力，应该不会只顾高效率地（机械）挖沟。

还有人在挖沟后再到处寻找有机物，结果加入了未腐熟的堆肥，引发了一系列问题。挖沟前准备好有机物，根据准备的有机物的量深耕是很重要的。土壤改良在实施之后要马上见效是有问题的，其后果是会在某个地方表现不正常。花了10年坏掉的土必须花10年以上才能修复。

枝条修剪出错，跟着别人学每年也能自己纠正，所以不是什么问题，但土壤改良对将来影响很大，必须根据自己园地的条件有计划地、持续地进行。深耕方法见图3-5。

图3-4 利用机械提高效率有时也会产生伤害

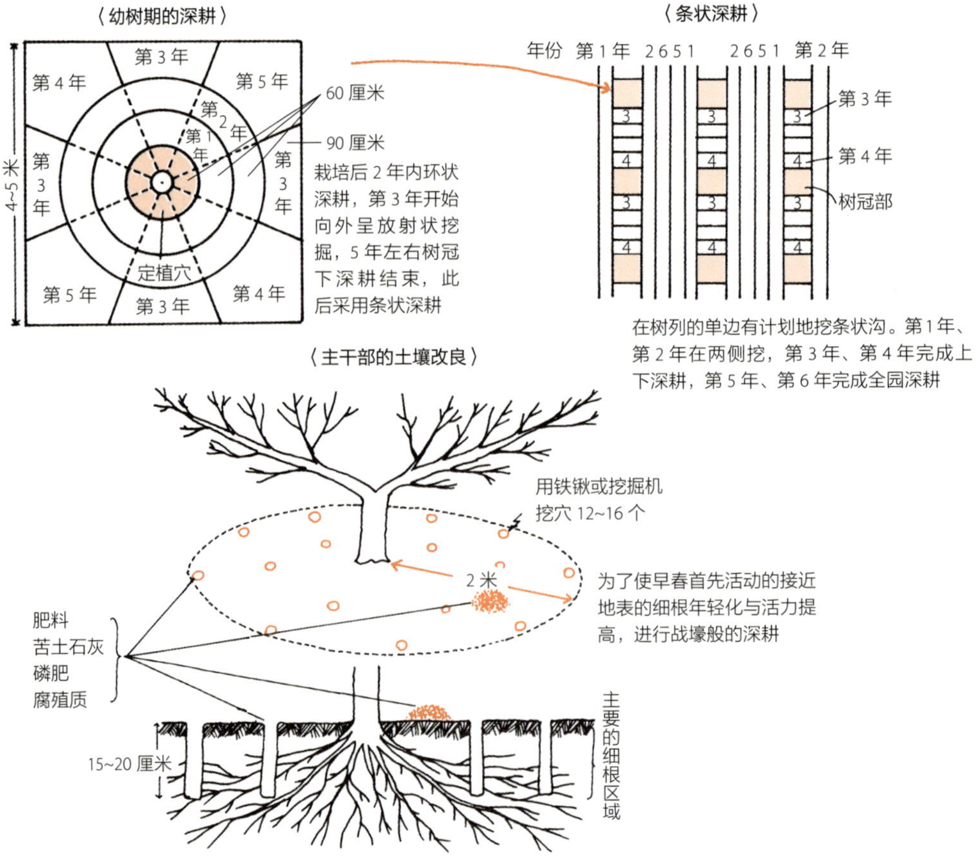

图3-5 深耕的方法有平坦深耕、条状深耕和挖掘机深耕

◎ 暖地中耕不如客土

年降水量在 2000 毫米以上、冬季干燥且夏半期雨量较多的温暖地区，表土流失明显。秋季中耕后松软的土壤到了第 2 年夏季就会被冲掉，这样重复下去，在有些梨园就会看到裸露的粗根。以主干为中心至 1.5~2 米处大部分不中耕，而是在覆盖物上面进行客土。客土理想的用土是从山上取来的红土，也可以是梨园附近挖沟堆积的土。一次撒 3 厘米左右的厚度，全园呈斑块状撒土。如果一次撒得多、厚而全面，细根就会受损。秋季客土，夏季覆盖，采收后反复施用堆肥会使这个部分的细根变多。到了春季首先开始活动的也是接近地表的这一部分根。像这样一边进行覆盖部分的管理，一边用铲子在树的周围分 5~6 个点挖深 30 厘米、直径为 30 厘米左右的坑，放入苦土石灰、磷肥等。

2 施肥设计要点

◎ 容易出现施肥过多的问题

对树势的看法，不同的人差异较大。基于树势判断来调节施肥量是理所当然的，不过在大多数情况下，梨树施肥比该地区的标准施肥量多，若夏季观察只是限于某个场所就判断树弱难免会多施肥，但也不建议树势强就采取减少施肥量的做法。

◎ 落叶期的叶片营养诊断

落叶期前的红叶，是由花青素这样的色素引起的。果实和叶片中的色素叫作糖苷，以糖为主体。花青素在秋季天气好、降温顺利的年份多，红叶很美；相反，阴天雨天多、气温高时，由于氮肥的肥效迟，叶绿素的分解变慢，所以红叶推迟出现、变脏。

到了 10 月下旬，叶柄就会带有红色，如果氮素过剩，叶片颜色就会变差，变成黄色。落叶前叶柄的红色变深或叶片的黄色变鲜明，叶片中的氮素就会被分解，变成氨基酸或糖，被送进树体内，离层形成后，合成的糖会转化成花青素。落叶前的叶片诊断如图 3-6 所示。叶柄的红色深，叶片的黄色深，说明是生长充实的树。

11 月中下旬短期内全部落叶是最理想的。徒长枝顶端的叶片一直保持绿色，或者是霜打枯萎后不脱落的状态，都是氮素过剩的表现。

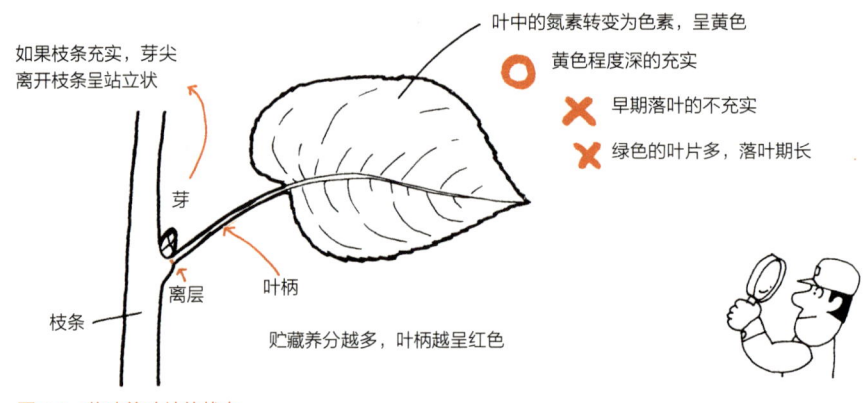

图 3-6 落叶前叶片的状态

在图 3-7 中表示初秋先端自剪叶的状态。梨的生产之所以重视新梢的自剪叶，是因为花芽的分化从顶芽开始向下发展，如果自剪叶不好，就不可能有充实的营养枝。并且，落叶的方式和黄叶的状态很好地表现了进入休眠之前树的状态。若黄叶出现极早或比其他出现迟，徒长枝绿，一直不落叶，或红色深但枝细弱，营养枝不充实，利用这些诊断可以在增减施肥量或修剪方法上得到活用。

图 3-7 停长叶的状态

◎ 施肥量因年份不同而异

必须靠果实的销售成绩、夏季的树势判断或落叶期的状态确定施肥量。适宜的施肥量见表 3-1。

从采收到落叶期这段时间，气温和地温都尚高时，秋肥分 2~3 次施用，其准确的施用量见表 3-1，每次每 1000 米² 施用秋肥的纯氮含量为 2 千克。在温暖地区，秋肥的施用次数比寒冷地区多。

表 3-1 幸水树的状态与施肥量、施肥时期

施肥目的	施肥时期	不同树势的施肥量		
		树势强（枝条生长好，但产量、品质不稳定）	树势中等（每年产量高、品质稳定）	树势弱（新梢生长弱，小果，产量低）
秋肥（礼肥）	8月下旬~9月上旬	20%	30%	30%
基肥（养分积累）	9月中旬~10月下旬	80%（分2~3次施用）	40%	30%
基肥（催芽）	2月上旬至中旬		20%	20%
夏肥（果实膨大）	5月下旬		10%	10%
夏肥（花芽分化）	6月下旬~7月上旬		根据生长发育情况调整	10%
1000米²全年的氮素施用量		15~18 千克	20~22 千克	20~25 千克

根据具体情况不同，2 月或 3 月施用春肥（基肥），5 月或 6 月施用夏肥的，纯氮的施用量也为每 1000 米² 2 千克。

春肥或者夏肥是用于生长发育调节的肥料，根据年份的不同也可能中止施用。所谓的基肥或冬肥带给土壤的肥料根据园地不同，可能施用 8 千克，或者可能需要 10 千克以上。

一般来说，幸水的纯氮施用量以每 1000 米² 20 千克为标准，如果树势弱，3 年左右可增加 10%~20%；如果树势强，可减量以调整树势。也就是说，适宜的施肥量变化幅度很大，必须根据具体生长情况调整。

3 冬季修剪要有清晰的目标

◎ 首先要制定产量目标

在经营梨园时，生产费用不是想少就能少的。投资就是投资，必须花的钱还是要花，关键是如何减少每千克或每个果实的生产费用。也就是说，必须通过稳定的产量、品质来稳定经营。幸水平均单果重 300 克，糖度为 12%，12000 个果实能达到 3.6 吨的产量。若 1000 米² 种 30 株树，每株树有 400 个果实；种 20 株树，每株树就有

600个果实。

另外，有调查表明，结6个果实的长果枝保留2000根就可以了。其实最好是记录每株或标准树的结果情况，根据记录就可以确定产量。如果没有记录，可以用出货单据等分品种、园区的产量和级别来推算，以此来总结产量情况，决定第2年的产量目标。

◎ 不要过于追求理想的花芽

梨树枝条上的芽和枝条有如图3-8所示的几种类型。其中2年生以上的枝条的芽长出1~2厘米，将梨树上顶芽长出变成花芽的极短枝条叫短果枝。如图3-9所示，着生这种花芽的枝条，果台（花台）大而粗壮，着生在果台上的那部分，芽的中央部不太大且顶端细的像中号毛笔那样的花芽被认为是梨的理想花芽。但实际上各种各样的花芽混在一起，离理想花芽很远。

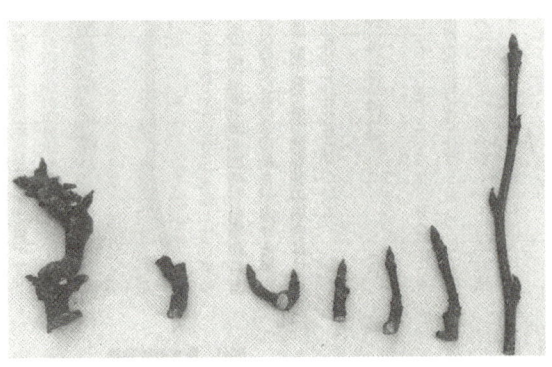

图3-8 梨的芽和枝条的类型
左起依次为生姜芽（×）、盲芽（×）、2年生短果枝（○表示留下容易使用的）、1年生短果枝（○）、2次果枝（×），2次果枝（×），长果枝（○）

因此，好的花芽指的是当年园区或树上最多的那种花芽，可以说就是指可以使用的花芽。如果为了追求理想花芽而进行花芽整理，会导致花芽数量不足。

花芽的作用当然是结果，但也有早期展叶和确保与枝条直径相对应的叶片数的重要作用。修剪，特别是花芽的整理是让果实的形状、品质一致的手段。修剪时好的花芽是指树上最多的形态、质量整齐一致的花芽。

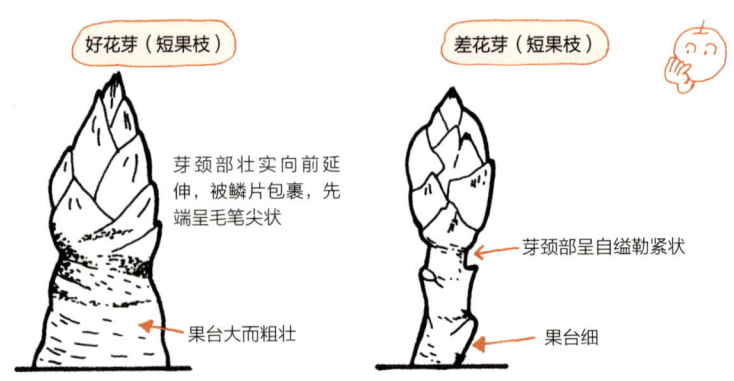

图3-9 梨的好花芽（短果枝）与差花芽（短果枝）

长果枝的腋花芽（图 3-10）的情况也一样，如果枝条的长度、粗细一致性好，则保留在形态上基本一致的腋花芽。

◎ **作为结果枝的条件**

结果枝的条件是当年修剪后留下的带有花芽的枝条。花芽质量整齐的结果枝是好结果枝，必须优先利用。

对于利用长果枝结果为主的幸水，也没有必要固执地认为其只利用长果枝结果，如果 2 年生枝长出了短果枝，用它结果不仅没有问题，而且不如说这样会更好地结果。

并没有长果枝长多少厘米，短果枝长多少厘米这样的规定。大概长 50 厘米以上为长果枝，50 厘米以下为中果枝。幸水的长果枝基部直径为 1~1.5 厘米，太粗或太细都不好。长度一般在 80~120 厘米比较理想，以基部直径乘以长度的值为 100~110、芽数为 20 个左右，结 6 个果实的枝条为佳（图 3-11）。

◎ **长果枝先端的长势**

利用长果枝的情况下，一般都没有考虑先端的营养枝的长势。将长果枝由最初的状态向棚面上进行水平诱引，先端延伸或不延伸都无关紧要。但是，若长果枝顶端的营养枝长不出来，本应停留在短果枝状态的芽就会在 6 月中旬萌发，形成不充实的小枝。长果枝先端要有长出基部直径小于 1 厘米、长 50~70 厘米营养枝的延伸力。根据长果枝的状态，如图 3-12 所示，枝条的修剪方法也会做相应的改变。

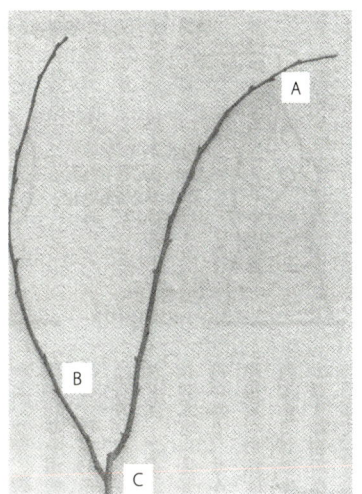

图 3-10　长果枝的腋花芽（左为不充实的腋花芽）

图 3-11　幸水的结果枝
A 处修剪后坐 5~6 个果实
B 处修剪培育预备枝
C 为前一年的预备枝

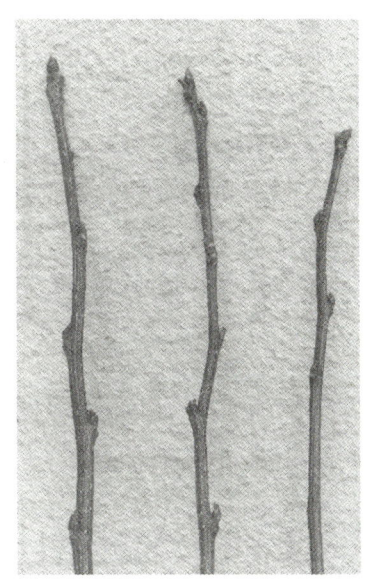

图 3-12　幸水长果枝的先端修剪方法
左：氮素多，剪去先端不充实的 4~5 个芽
中：充实的长果枝，剪去先端 1~2 个芽
右：因为不充实，只能作为预备枝培育

◎ 老枝年轻强壮，年轻枝反而又老又弱

从主枝基部到顶端，越靠近基部，越有抽生强大直立徒长枝的气势。主枝基部枝龄最老，但是因为从这个部位产生的树枝不断更新，从主枝长出来的枝条却总是年轻、强壮、具有活力的。另一方面，虽然主枝的先端部是1~2年生枝，枝条很年轻，但从基部开始向上一年一年的积累，从老枝的延长上来算，其年龄最大，生长力最弱。

另外，越老、越粗的部位贮藏的养分越多。这样看来，一般来说变老的部分实际上是年轻而强壮的，而被认为年轻的部分实际上是老的。

修剪的基本原则是，强枝要弱短截，弱枝要强短截。如果把强枝弱短截，则留芽多，留下的芽一起萌发，每个芽分配的养分就会减少，很难生成强的新梢。

相反，弱枝如果强短截，芽数减少，能期待强势的新梢伸长，同时也进行了树势调节，这就是修剪。

◎ 杯形树形的整形方法

把具有直立向上生长特性的梨树诱引到平棚架子上，不论如何都有树冠内部很强、顶端容易变弱的缺点。如果对树冠内部徒长枝的生长养分进行巧妙地调节，输送到顶端部，果实产量也会增加，品质也能保持一致。

主枝、亚主枝的先端是树体的末端，生长力较弱，如图3-13所示，期待有2根1

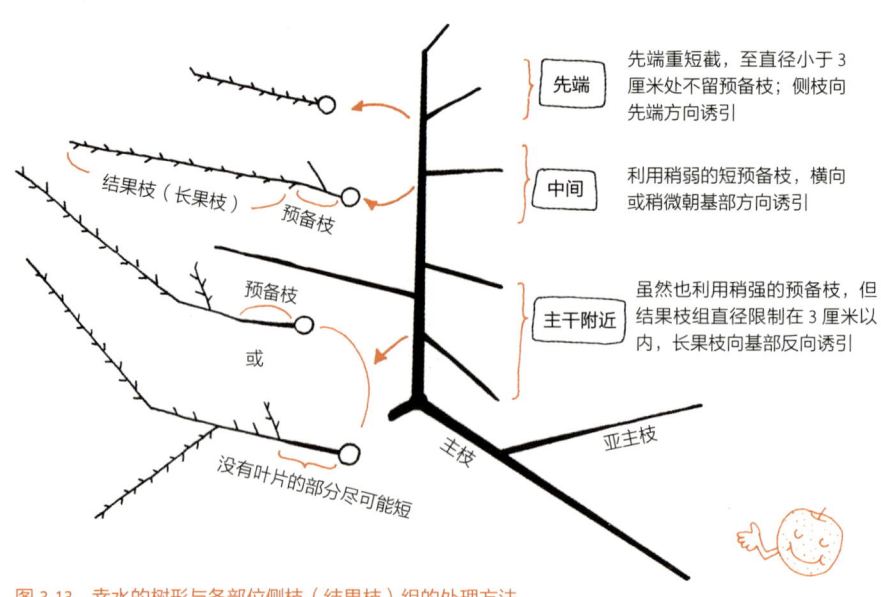

图3-13　幸水的树形与各部位侧枝（结果枝）组的处理方法

米左右的新梢并强短截。另外，像图 3-14 那样，插上竹竿，将先端诱引到比架子高的地方，可以强有力地吸取养分和水分。幸水多用长果枝结果，先端部容易变弱，但作为应对措施，利用竹竿辅助后这种变弱的情况似乎变少了。

如果树冠中央部像图 3-15 那样按规定的间隔排列枝条是没有问题的。产量、质量的好坏由树冠内部的修剪决定，是生产成堆的徒长枝，还是成为果实生产场所，会对全树产生影响。如果 1000 米^2 栽植 40 株，树冠内部大小为 1.5 米 × 1.5 米，那么 40 株的树冠内部面积约为该园面积的 1/10。不论这部分面积利用或是不利用，这部分面积都很大，而且株数越多这部分的面积也越大（图 3-16）。这部分容易抽生徒长枝，因此不要留枝龄大而长势强的枝条。树枝基部直径为 5 厘米以上，基部 1 米内没有叶片的老枝，有 3~4 根徒长枝抽生，成为枝叶过于繁茂的原因。主干附近总会长出几根徒长枝，这是没有办法的，但还是希望培育先端部叶幕层厚的杯形树形。

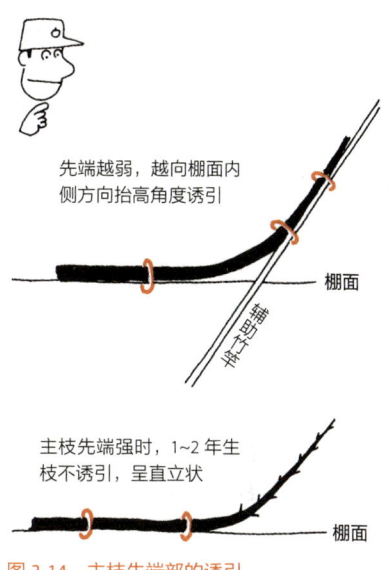

图 3-14　主枝先端部的诱引

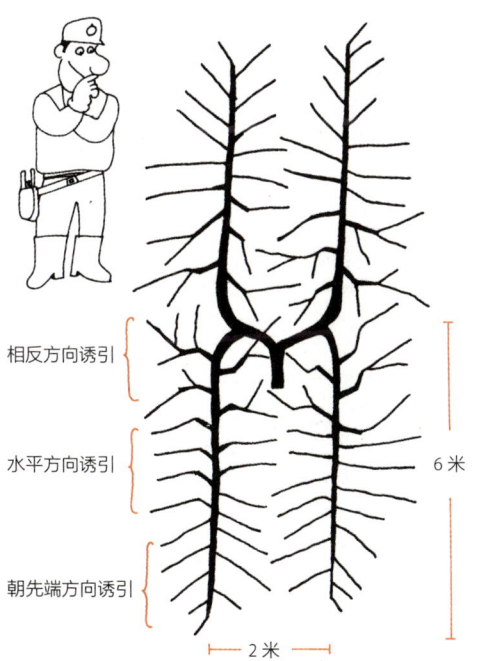

图 3-15　平行主枝整形与诱引

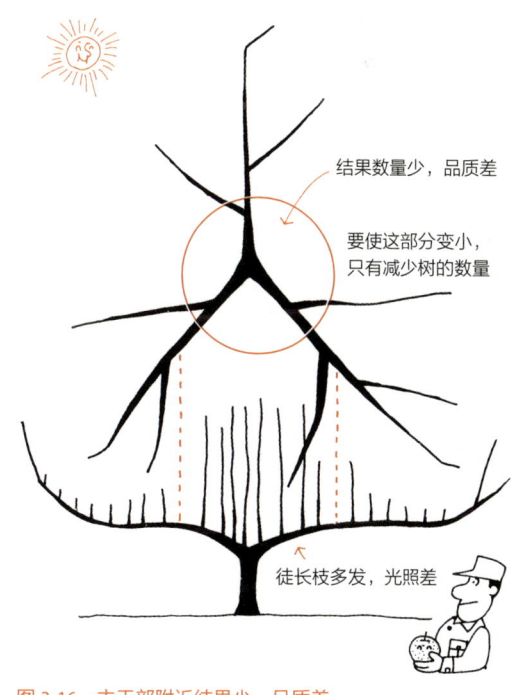

图 3-16　主干部附近结果少、品质差

◎ 让主枝呈饭团形

幸水从主干开始到先端有 2 米是强势伸展的，主枝的直径虽然大，但在这之后的枝条先端往往会突然变细。

主枝横断面（可以通过间伐树来确认）上侧大，下侧小，呈倒三角形，这样的主枝容易像图 3-17 所示一样呈波浪形，这也是产生徒长枝的主要原因。

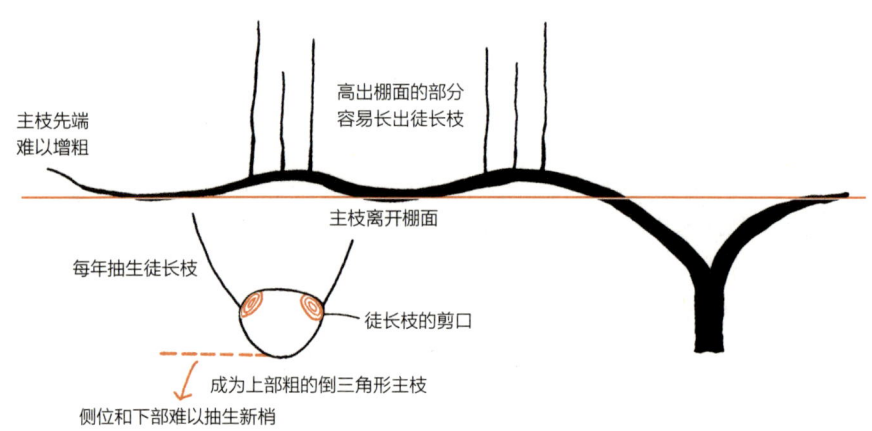

图 3-17　主枝离开棚面会导致徒长枝抽生

成为倒三角形主枝的原因是作为主枝使用的枝条充实度差，新梢从枝条的上侧不断抽生。枝条上部抽生的新梢长而粗，下侧抽生的枝条短而细。强势生长的一侧养分和水分流动多，导致强的部分越来越强，弱的部分越来越弱。

幸水新梢的抽生数量虽然比较多，但是从树枝的下侧附近很难抽生。没办法的情况下，将从上侧伸出的树枝基部划伤并揉枝弯曲勉强使用，它作为侧枝的利用年限短，剪口多，徒长枝的抽生部位也多，使主枝的上侧变粗。如果是从主枝横向或侧位以下伸出的新梢，则形成下侧粗、上侧小的三角饭团形的主枝，主枝上也能抽生长势中等的新梢，无须勉强就能作为侧枝和结果枝利用。

为了形成饭团形的主枝，不能让上侧剪口或隐芽萌发出的新芽长成枝条（图 3-18）。也就是说，只能在 4~5 月在全园仔细观察并抹芽，别无他法。

图 3-18　抹芽的方法
A 这样的新梢保留
B 在正上部抽生，枝条生长旺盛，不宜利用

4 主枝与亚主枝先端的修剪

主枝、亚主枝的先端是扩大树冠和延长的部分,也称为延长枝,是构成树体骨架的枝条。将梨的主枝水平地诱引在架子上,为了不让主枝在架子上呈波浪形,修剪时要留下先端部充实的侧芽。如果可以,顶端剪口第 2 个芽不留上芽而是留下芽,这样剪口芽的新梢生长得更好。

◎ 延长枝着生叶芽时

在 1 年生枝充实处短截。叶芽与枝成 30 度左右夹角的为充实状态,与基部、顶端部平行的则芽小且不充实。长势强的初结果树枝梢抽生较长,6~7 年生幸水长势变弱,只留 5~7 个芽短截。

◎ 延长枝着生腋花芽时

对长 1 米以上的延长枝,如果基部附近有侧位叶芽,短截至叶芽处。全部变成花芽的延长枝,要比有叶芽的延长枝多截 2~3 个芽。延长枝不到 1 米时,还要进一步重截。在这种情况下,也可以使用上芽,以加强先端芽的长势。

◎ 延长枝变成短果枝或小枝时

此时应重截至先端部附近的强芽处,或利用靠近后部抽生的 2~3 年生徒长枝或营养枝进行更新。

◎ 延长枝变得更弱时

尽量选择从主枝侧位长出、基部直径超过 1 厘米、长 1 米以上的枝条作为主枝更新枝,在枝条一半以下处强修剪。对主枝先端部那部分枝条按侧枝修剪,一直利用到主枝更新枝变大(替换)为止。主枝先端处理不仅仅是靠修剪技术,更是重要的是用竹竿辅助以提高主枝先端高度。

◎ 1 年生枝因抽生部位而异

1 年生枝一般分为徒长枝和营养枝,但区分也没有那么严格。通常有两种区分方法，一种方法是将可以利用的枝条称为营养枝，比营养枝更强的枝条称为徒长枝；另一种方法是枝条短截后，剪口长出的1~2根枝条是营养枝，而从隐芽长出的枝条称为徒长枝，中间的枝条适当区分使用。本书中采用后者的表述，将徒长枝、营养枝区分开，不需要区分开的情况下用新梢或者1年生枝来表述。

春季长出的绿枝，到落叶为止称为新梢。落叶后的新梢称为1年生枝，其中包含徒长枝、营养枝，作为结果枝利用时称为长果枝或中果枝；再剪短至2~3个芽的枝条，在幸水、丰水上称为预备枝，在二十世纪上称为等待枝。二十世纪、新水的1年生枝几乎不让其结果，培育短果枝，不考虑其上着生的是花芽还是叶芽，都作为预备枝对待。有时为确保叶片数，也叫叶枝。从1年生枝的抽生部位和强弱的关系来看，从枝条的上侧抽生并向正上方生长的枝条容易增粗变长，长势强。相反，从下侧抽生的枝条很细，一般都短而弱。

◎ 从主枝（亚主枝）正侧位以上抽生的枝条

这种枝条抽生的时候虽然小，但有2~3年就变粗、变长的特性，所以原则上不使用。

◎ 从主枝（亚主枝）侧位及侧位以下抽生的枝条

这种枝条不会变得很强，所以好利用。对充实的长1米左右的枝条，把顶端的2~3个芽剪掉；作为预备枝的，留2~3个芽短截，再花1年时间培育营养枝。从侧位以下抽生的枝条细而短，作为预备枝修剪。

1年生枝可以从剪口附近、隐芽、预备枝、短果枝等处抽生。即使都是侧位抽生的1年生枝，从主枝上直接抽生的枝条也更容易变得粗大，从预备枝或等待枝上抽生的枝条稳定，花芽容易着生。短果枝上长出的枝条更稳定，容易使用。

枝条抽生的部位、方式不同，在容易生长粗大或稳定利用等方面的差别很大，必须活用"强枝轻剪、弱枝重剪"的原则。

5 不同品种、侧枝的处理方法

◎ 幸水

幸水修剪的指标见表3-2。

表 3-2　幸水修剪的指标

	枝条的种类	修剪方法
主枝、亚主枝的修剪	（1）主枝、亚主枝的延长枝只有叶芽 （2）主枝、亚主枝的延长枝着生数个腋花芽 （3）主枝、亚主枝的延长枝着生较多腋花芽 （4）主枝、亚主枝的延长枝是短果枝或小枝	（1）在充实部短截，5年生以后留5~6个芽短截 （2）在腋花芽下部充实部位强短截 （3）生长发育好的延长枝留5~6个芽、小枝留3~4个芽并留背上芽短截 （4）向后回缩主枝2~3年，更新
徒长枝、营养枝的修剪	6月中旬开始诱引新梢，尽可能作为长果枝利用，并确保留叶数量 （1）主枝、亚主枝正背上抽生的徒长枝 （2）主枝、亚主枝侧位或侧位以上抽生的徒长枝 　①只着生叶芽的强旺枝 　②只着生叶芽的中旺枝 　③着生叶芽和顶花芽 　④着生数个腋花芽 　⑤腋花芽着生较多 （3）从预备枝上抽生的营养枝 （4）主枝、亚主枝侧位以下方抽生的徒长枝 （5）主枝、亚主枝上的花芽 　①未着生花芽，强势 　②着生花芽，其他地方为营养枝 　③只有花芽的短果枝 　④中间芽、盲芽	（1）从基部疏除。已着生腋花芽的中强枝，作为长果枝利用，剪去顶部3~4个芽 （2） 　①从基部疏除 　②基部留5~6个芽修剪，作预备枝利用；或诱引后作为侧枝培育 　③考虑作为长果枝让其结果，剪除2~3个芽 　④腋花芽之前朝上的叶芽处短截 　⑤在充实部短截或剪去先端1/4 （3）作为长果枝利用，剪去顶部或剪去3~4个芽 （4）基部留5~6个芽，作为预备枝培育 （5） 　①从基部剪除 　②保留营养枝，作为长果枝利用 　③大的保留，其余疏除 　④放置不剪
侧枝的修剪	（1）2年生侧枝的修剪 　①上一年枝的基部为盲芽，没有形成短果枝而成为小枝，先端数个芽强势生长 　②与①相似，但枝条向外延伸少 　③上一年枝条基部是盲芽，但有数根短果枝、小枝，先端抽生枝条向外延伸 　④虽然基部抽生了强枝，但中间形成短果枝，先端抽生枝条向外延伸 　⑤基部强枝抽生，先端变细 　⑥从基部至先端形成短果枝，先端抽生枝条向外延伸 　⑦先端形成短果枝、中果枝 （2）3年生侧枝 　①3年生枝段已粗大 　②3年生枝段抽生营养枝 　③2年生枝抽生强枝，3年生枝段为短果枝 　④③的枝条上2年生枝成为中果枝 　⑤3年生枝、2年生枝都形成短果枝 　⑥2年生枝形成短果枝、3年生枝形成中间芽 　⑦⑥的枝条上2年生枝形成短果枝 　⑧2年生枝、3年生枝都形成短果枝，先端没有营养枝延伸 　⑨2年生枝、3年生枝都是中间芽、盲芽	（1） 　①主枝、亚主枝背上枝条剪除，侧位长出的枝条留20厘米后修剪 　②小枝作为中果枝利用，先端留1/2短截 　③先端充实部分留1/3短截 　④基部枝条保留或长留，在先端留3~4个芽短截，让其结1年果 　⑤仅基部枝条保留，作为长果枝利用 　⑥先端营养枝重短截 　⑦短截至向上的壮芽 （2） 　①从基部剪除更新 　②保留基部营养枝，先端轻修剪 　③修剪至2年生营养枝处，在充实部位更新 　④先端营养枝留5~6个芽修剪，中果枝也让其结果 　⑤先端留3~4个芽修剪 　⑥利用2年生枝上的营养枝 　⑦先端留2~3个芽重短截 　⑧在2年生枝中段向上的旺芽处短截 　⑨从基部疏除、更新

（续）

枝条的种类	修剪方法
侧枝的修剪	（3）4年生以上的侧枝 ①老侧枝上果台小，枝条泛白 ②老侧枝上果台大，枝条带红色 ③其他	（3） ①从基部疏除、更新 ②向后回缩1~2年，继续利用 ③参照3年生侧枝的方法修剪

幸水的1年生枝中，只保留主枝、亚主枝的前端没有着生腋花芽的枝条，疏主枝、亚主枝抽生的有20个芽左右的枝条，剪先端2~3个芽，作为长果枝坐果5~7个。第2年冬季，顶端长出1~2个芽，成为营养枝，其他的枝条变成了短果枝，结果后的新梢又长出好几根，变成了梳齿状的枝条。

形成短果枝的2年生枝 对其先端营养枝留一半短截（图3-19），如果让其结果，在第3年冬季短果枝结果部分会有一半左右的芽变劣，成为盲芽，而2年生枝部分能形成短果枝。但幸水的结果枝一般只利用2年，如果侧枝基部附近有新梢，可以如图3-20所示，保留2个芽作为预备枝利用。营养枝的先端疏除1~2个芽，作为一次

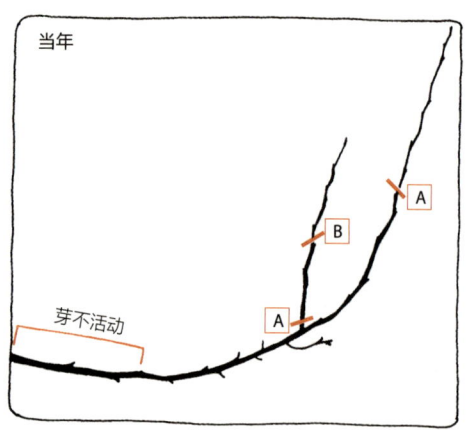

图3-19 形成短果枝的2年生枝的修剪

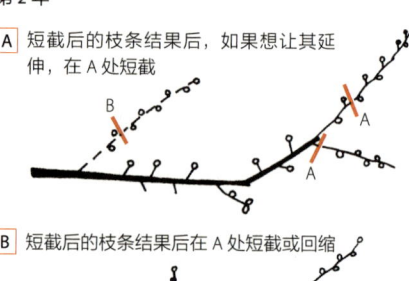

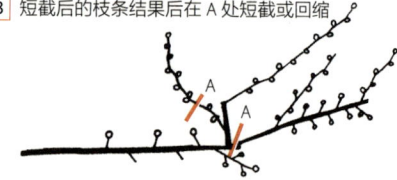

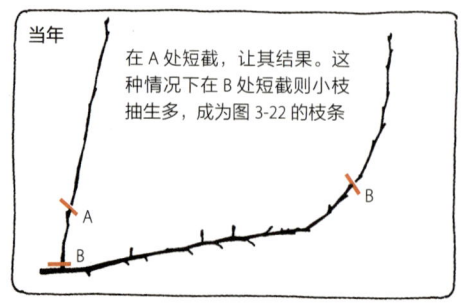

图3-20 侧枝基部抽生徒长枝的修剪

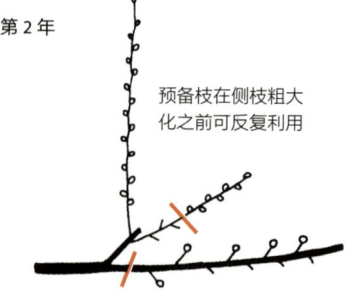

性结果枝利用。从预备枝上抽生的营养枝作为长果枝利用（图3-21）。

有梳齿状新梢抽生时 如图3-22所示，距离基部较近的新梢作为预备枝利用，在其先端留2根长果枝，第2年在预备枝的位置进行回缩更新。如图3-23所示，如果保留预备枝，在上一年的结果枝部分A处修剪。另一种方法是不保留预备枝，3根都作为长果枝利用，第2年只留基部的1根枝条，利用短果枝结果（图3-24）。

预备枝上抽生营养枝、作为长果枝利用结果 只抽生2根新梢，一方面利用其结果，另一方面一定作为预备枝反复利用。预备枝只抽生1根营养枝，此后枝条的处理办法类似粗枝直接抽生枝条的处理方法。

图3-21 基部至先端开花的结果枝
不诱引预备枝，使其成为长势强的营养枝

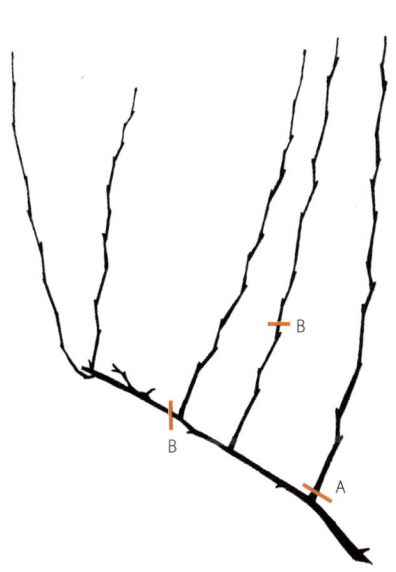

图3-22 采用与二十世纪相同的修剪方法，徒长枝呈梳齿状抽生的幸水
因基部枝生长过旺，在A处疏除。在B处短截，让其结果。基部变粗大后更新

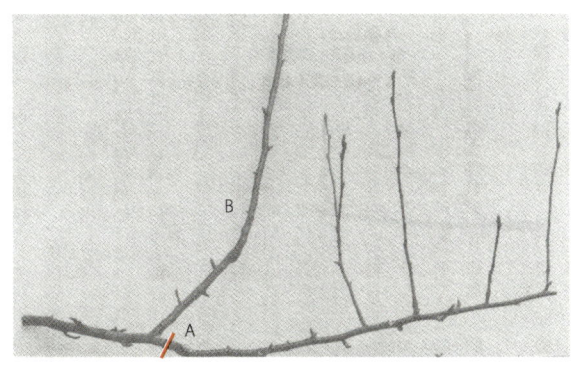

图3-23 从基部预备枝抽生的长果枝
如果基部的预备枝B保留，则从A处修剪

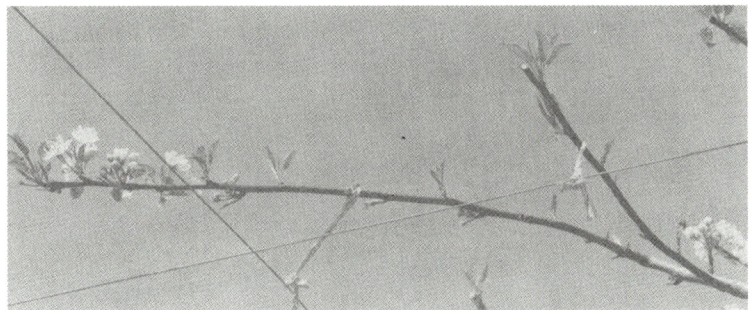

图3-24 只在先端着生花芽的情况
这样的枝条没有必要留预备枝

侧枝基部直径在3厘米以内，从基部至有叶片生长位置的长度（也就是光秃段的长度）短的侧枝为佳。经过数年生长，直径变成3厘米以上，基部呈灰色，光秃段较长的侧枝（图3-25），其果实大小和品质都不整齐，这样的老侧枝需要更新。

◎ 二十世纪

二十世纪的侧枝变化如图3-26所示，1年生枝很少作为长果枝利用，视具体情况可利用中果枝结果。因此，二十世纪的1年生枝无论是否有腋花芽，只要枝条抽生位置和角度好，都可保留（图3-27），这是为了培育短果枝，它作为预备枝利用，属于叶枝。和幸水一样，也可将枝条短截以促进营养枝生长。在幸水中被称为预备枝，在二十世纪中，需要等待营养枝的伸长，因此被称为等待枝。

从粗壮的大枝直接抽生的枝条⊖与等待枝上抽生的枝条相比，等待枝上抽生的枝条不容易变强，所以可以长期使用，两者的使用方法一样。

像图3-28那样，在1年生枝的顶端的充实部进行回缩修剪。判断枝条充实与不充实的方法很简单，只要像图3-29那样握住枝条的基部和顶端轻轻用力，在弯曲处的顶点修剪即可。一般情况下，在有22~25个芽的枝条顶端剪掉4~5个芽。第2年以后，原则上1年生枝只留上一年一半长度的芽数，如1年生枝有20个芽，修剪时只留10个芽，第3年时留5

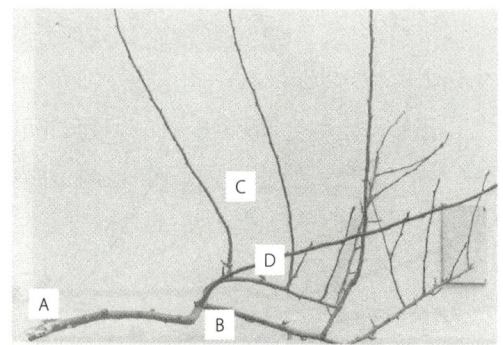

图3-25 老化后的幸水结果枝
从A处修剪最好

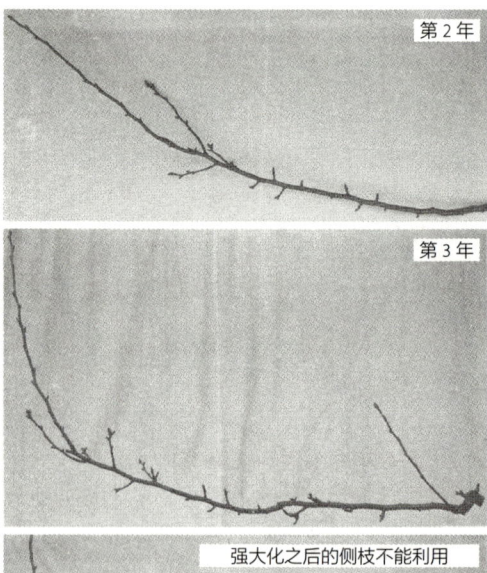

图3-26 二十世纪侧枝的变化

⊖ 可作为结果枝培育的枝条。——译者注

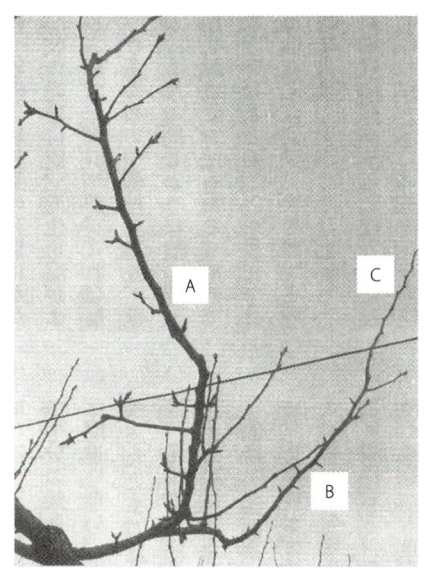

图 3-27　两股结果枝组

A 过强，疏除。保留 B 作为预备枝（等待枝），在先端部的 C 处短截

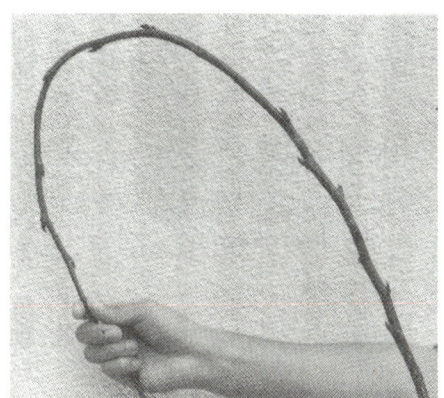

图 3-29　在新梢弯曲处的顶芽处短截

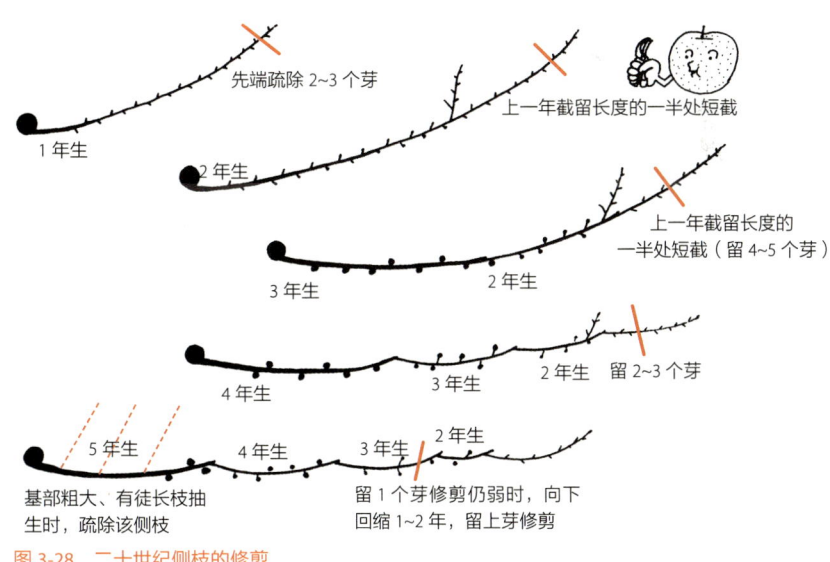

图 3-28　二十世纪侧枝的修剪

个芽，第 4 年时只留 2~3 个芽。

如果侧枝基部不太粗大，短果枝能维持 5~6 年，可顶端留 2~3 个芽修剪来维持侧枝长势。侧枝基部变粗大后，基部的短果枝抽生长枝，会导致侧枝后部光秃，一般第 5 年左右开始，在后部的壮芽处更新。

对二十世纪侧枝的 1 年生枝短截就能长出好的营养枝，以后数年可以长时间利用。枝条长势稍变弱就重短截，或是盲目地为将枝条填充到有限空间里而重回缩都是不好的。

侧枝基部变粗，光秃部分超过 50 厘米，或者抽生 3 根以上徒长枝时，必须果断疏除。

◎ 丰水

丰水是短果枝、腋花芽和枝条数量都较多的品种，极易产生小枝，侧枝的维持困难，但是容易更新。如果在较强的长果枝上结果，变形果会变多，带纵沟的果实也会增多，因此丰水主要让短果枝结果。枝条的修剪方法可以理解为介于幸水和二十世纪两个品种之间，但一定要遵守的修剪方法是，正如二十世纪修剪中所述，将 1 年生枝先端弯曲，在充实部分短截。

丰水的枝梢很少留一半长度后短截，一般都要采用疏除枝条 2/3 长度的重短截。在不充实部短截，顶端的营养枝一定会生长变弱，基部会长出很强的徒长枝。

此外，在相当于预备枝部分上的短果枝一定要结 1~2 个果实（图 3-30），这是与幸水、二十世纪最大的不同之处。

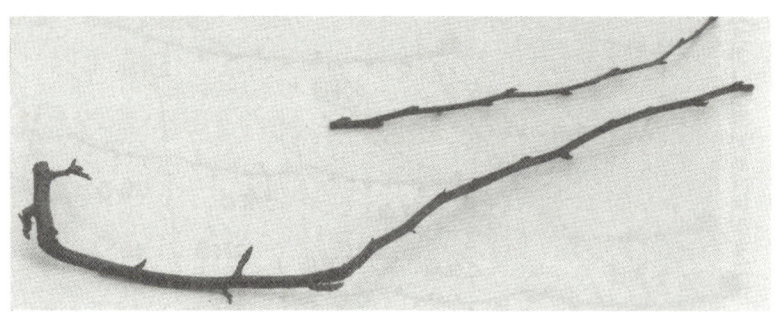

图 3-30　丰水的侧枝
确保 2 年生短果枝上坐果

6 预备枝的保留和处理

幸水长果枝的利用方法是，只要是形成腋花芽就弯曲强行利用（让其坐果），当前似乎已进入了（生产者）积极培育长果枝的时代。这就是不少生产者认为的预备枝。这种做法由于没有充分理解预备枝的作用，所以经常会出现问题。

幸水的预备枝如图 3-31 所示，让营养枝生长、其上着生花芽，形成长果枝后用于结果。对二十世纪的同类枝条，则要让营养枝生长，使其成为带有短果枝的结果枝，这种枝条被称为等待枝。

主枝、亚主枝先端部直径不到 5 厘米处开始至先端的部位不需要留预备枝。主枝先端部光照好，抽生的新梢容易形成花芽，也不容易变得太强，容易形成长果枝或者中果枝。

（1）二十世纪　等待枝应尽量选择从主枝正侧位以下抽生的细新梢，它们作为侧枝使用 5 年左右也不会变得粗大。等待枝先端只留 1 根枝条，其他容易长成枝条的芽在冬季修剪时疏除或抹芽进抹除。

（2）丰水　侧枝的基部、背上容易抽生新梢，枝梢的数量也多，所以没必要刻意留预备枝，相当于预备枝的 2 年生枝部分的短果枝要确保坐果。

（3）幸水　主枝侧上位抽生的新梢，有较强长势的枝条也可以拉倒用作预备枝。长 1 米左右的营养枝和旁边有 1 根长 50 厘米左右的枝条，合计 2 根最好，所以修剪

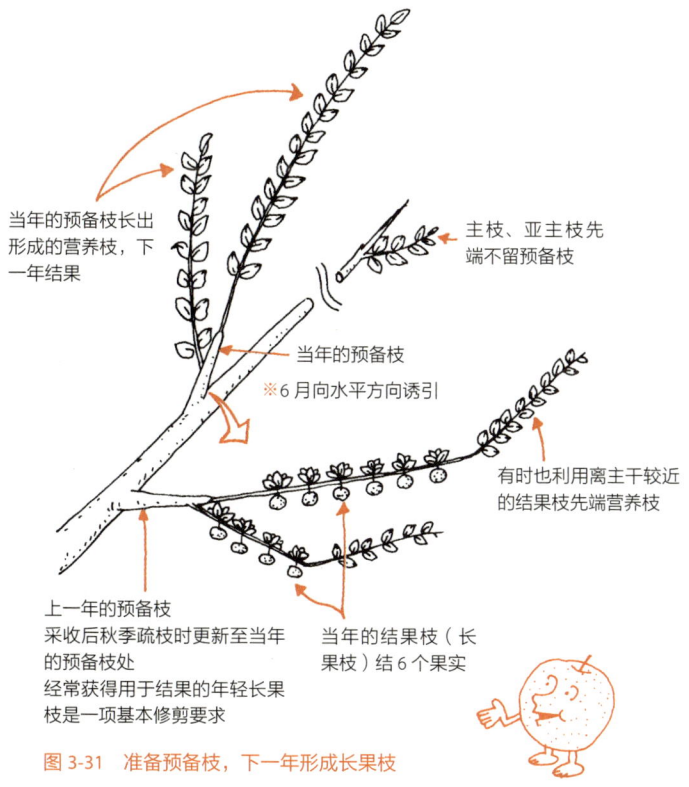

图 3-31　准备预备枝，下一年形成长果枝

时留 2 个健壮芽。粗枝可以留长一点,细枝可以剪短一点,把枝条向水平方向诱引。

幸水预备枝的目标是要确保营养枝长至 1 米,因此冬季修剪的时候不诱引,保持其呈直立状,待 6 月上中旬左右达到目标长度后,用绳子绑住预备枝的部分拉至棚面。诱引的角度是 30 度左右,如果拉成水平状,枝条先端会变细。

新梢因预备枝的诱引会自然倒下,所以保持原样就可以[⊖]。如果诱引不良会导致枝条角度和方向不对,造成枝条先端不充实和先端至基部都成花不良。即使是同样的预备枝,根据品种和利用目的的不同,修剪方法也会不同,所以区别使用很重要。

7 高明的修剪步骤

◎ 解开诱引绳

在对梨树动锯子和剪刀之前,首先必须做的是把诱引绳从棚架、竹竿上全部解开,重新排列主枝、亚主枝。

如果秋季间伐或缩伐,填补空间是必须进行的工作。另外,把诱引绳全部解开也是为了降低越冬病虫害的密度。无袋栽培时,渗入绳子的药剂及其他污垢流到果实表面是成为产生脏污果的原因,解除诱引绳也可以避免出现这种情况。

虽然解开所有的诱引绳后重新绑起来有些麻烦,但这比每次用剪刀剪掉诱引绳再重新绑要容易得多。如果没有解开诱引绳,修剪时可能会只能去除侧枝中间抽生的枝条、稍微整理一下花芽并对延长枝顶端短截(这是不好的)。对于梨的栽培,修剪技术固然重要,但诱引更重要,把诱引绳全部解开是修剪的开始。

◎ 修补棚架

首先,更换支柱和重新拧紧锚线。其次,确认围线、干线、网线有无松动。在幸水上,由于结果枝水平地诱引至棚面,棚线不牢固就会导致树枝呈波浪状或偏离,所以事先必须修缮棚架。

⊖ 不必诱引新梢。——译者注

◎ 重新配置主枝、亚主枝

成年树的主枝虽然不能从基部移动，但如果把诱引绳全部拆下，也有相当大的部分是可以移动的。针对间伐产生的空间进行主枝先端的重新配置，酌情固定与亚主枝、主枝的角度。如果好好地重新分配成为骨干枝，与其邻接树的空间会出乎意料地变得狭小。

◎ 诱引长果枝

对骨干枝的诱引结束后，像图 3-32 那样诱引长 1 米左右、有 20 个芽左右的新梢作为长果枝利用。前一年保留了预备枝的梨园可以确保有很多长果枝，但如果没有留下足够的预备枝，或有的年份长果枝腋花芽不足时，可以把已开始形成短果枝的 2 年生枝诱引过来填补空间。

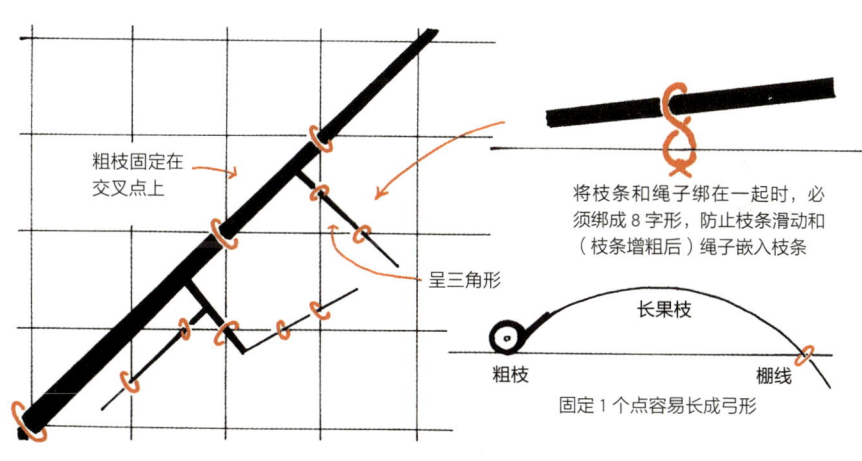

图 3-32　长果枝的诱引——必须固定 2 个点

◎ 配置预备枝

预备枝、结果枝诱引结束后，主枝、亚主枝的前端附近虽然没有必要配置预备枝，但是到树冠（从基部起）2/3 部位每根结果枝都应选留 1 根预备枝。树冠中央部的预备枝选用细长枝条并在 2 个健壮芽处短截。基部可以使用强的预备枝，但侧枝的基部直径要在 3 厘米以内，不拘泥预备枝有多长、有多少芽，主要看能够向主干方向诱引枝条的强度和长度。预备枝在这个时候短截至所设定的长度。

◎ 疏除侧枝和徒长枝

没有进行诱引和修剪的枝条，大部分是老化的侧枝和主枝、亚主枝上直接生长出来的长势强旺的徒长枝。如果把这些枝条锯掉，基本上就能完成修剪任务了。再次确认留下的枝条配置后，将未被诱引的枝条全部疏除。

◎ 短截 1 年生枝的先端

在主枝、亚主枝的先端强修剪，确保能长出 2 根长 1 米左右的新梢，再用竹竿辅助将 1 年生枝、2 年生枝部分向高于棚面处诱引。包括长果枝的侧枝、结果枝的处理如前所述。

幸水以长果枝和 2 年生结果枝等年轻侧枝结果为主。为了确保 1 株树内开花授粉和果实生长整齐一致，相比于花芽质量，侧枝的整齐度显得更为重要。为此，与利用短果枝结果的二十世纪的修剪需斟酌花芽和不使侧枝粗大化的方法不同，即使是相同长度、直径的长果枝也要根据其抽生部位改变诱引角度，调节长势强弱。如果说二十世纪的修剪是剪枝的技术，那么幸水修剪就是枝条诱引的技术。

8 计划间伐树的修剪

逐渐缩小树冠，最终疏除的树和永久树如图 3-33 所示，要从幼树的时候开始采取不同的修剪方式。但是，一般生产上常见的做法是间伐树与永久树在缩剪之前都采用同样的管理，到主枝先端交叉时才匆忙处理。当间伐树枝条被回缩时，主枝的顶端变得更强壮，间伐树反而看起来更好，生产者就

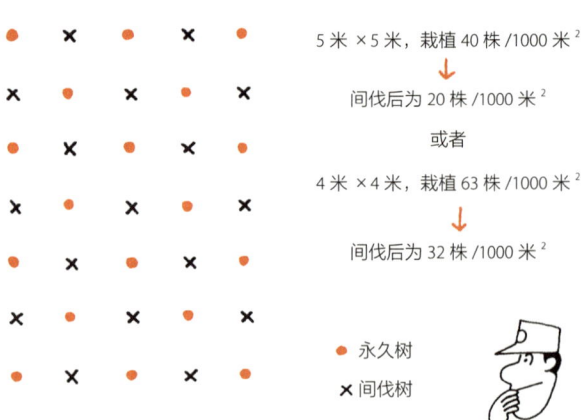

图 3-33　间伐的方法

会犹豫着要不要用间伐树替代永久树。

图 3-34 上展示了计划间伐树的缩伐方法，如果在修剪结束时与邻近主枝的顶端的距离没有 1 米，就难有强有力的延长枝生长。如果主枝先端部的空间变得狭窄，要先让永久树的先端变得更强，需重修剪。

相反，间伐树是在永久树变大前短期利用的树，让其生长只是为了获得一定的产量，而且是采收后立即进行缩伐。由于在叶片健全的时候砍伐，树势会往下降的方向发展，所以缩小树冠面积的缩伐也是防止徒长枝乱立的适宜手段。在缩伐中，在主枝、亚主枝、老侧枝的中间位置缩剪的做法是最不好的。主枝一定要回缩到亚主枝或已经粗大化的侧枝部位，用锯子缩伐。

缩伐是以剪断主枝为主体的，即使是有扰乱整枝的枝条，也要保留下来，每年剪去一段。到了只剩下相当于 1 根主枝的枝条数量时就去掉间伐树。

一直以来的做法是必须想方设法促进永久树树冠的迅速扩大，并只关注永久树树冠扩大。但对于幸水来说，树在木质化程度不高的情况下成年期容易发生枝干（生理

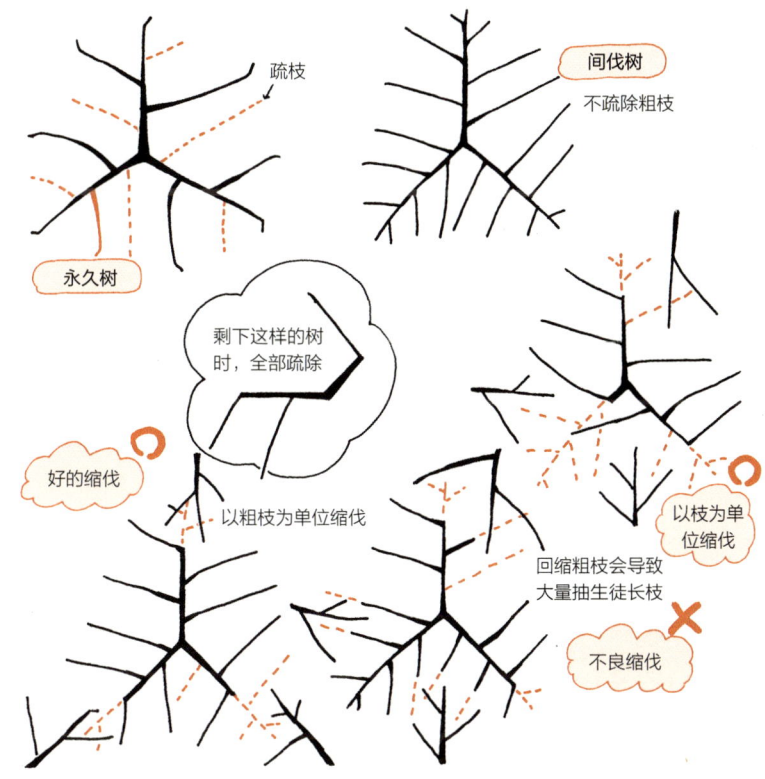

图 3-34 计划间伐树的缩伐方法

性）障碍，所以不要急于扩大永久树的树冠，而是自然扩大间伐树的树冠，再逐年压缩为宜。

9 修剪完成与呆芽去除

梨树修剪应尽可能早，以 2 月下旬结束为宜。将剪掉的枝条和老旧的辅助整形竹竿等拿到园外焚烧或堆起来盖上塑料膜，如果把它们一直放在园内，会成为病虫害的源头。修剪结束后，要及时巡视梨园，进行枝条诱引调整和切口保护（抹涂伤口保护剂）。另外，还要对胴枯病、疙瘩皮等进行刮治，为了封闭病原菌，可涂上硫菌灵伤口保护剂。

梨芽硬（鳞片紧）的时期，呆芽和健全芽难以区分，待芽膨大时及时去除呆芽。这样，药剂难以防治的黑斑病和黑星病的病原菌，可以通过细致的呆芽修剪并将其带出园外而完全控制其发生。这对于减少落果、裂果、低等级果，增加产量和收益是极其有效的。

第4章

萌芽期至展叶期的管理

到了 1 月中下旬，梨树开始解除休眠，只要温度适宜，芽就会活动。进入 2 月后，枝条会变软，能感觉到树液的流动。这是筹集生产资料和准备防治机具等农用机械的时期。

1 一般不需要施用春肥（催芽肥）

2~3 月施用被称为催芽肥的肥料。的确，春季施用肥料后枝叶会旺盛地展开，不过这个时期施肥容易造成徒长枝抽生，不会有提早展叶的效果，因此春肥主要针对老年树和枝梢生长较差的树施用。

如果不根据树的情况区别施用春肥，会出现尿素的肥效迟或成为黑斑病多发的诱因。3 月降雨少，空气和土壤都干燥，施肥的作用还不如浇水。

2 设施栽培目标与覆盖时期

◎ 设施栽培的陷阱

前面说过，在梨的设施栽培上很难进行大量的投资。从树的生长发育和果实方面来看，休眠时间、花器官的充实、成熟期的天气等都是覆盖塑料薄膜、加温之前必须考虑的事情。

设施栽培幸水时，最应该考虑的是，从叶片一直向果实运输的只有果糖甜味一半的山梨醇向甜味浓的果糖、蔗糖的转化，如果不及时采收，即使是糖度计测定有较高的糖度值，果实吃起来味道也会变得平淡。

要想提高果实的果糖、蔗糖含量，除了枝叶的生长完全停止，即不产生新的组织且叶片有充分的光照（图4-1）之外，重要的是还需要土壤干燥使根停止生长。虽然可以人为地让枝叶停止生长和土壤干燥，但在梨园却不能人为地增加光照。

图4-1　透光度适宜的梨园

因此，（像设施栽培那样）梅雨盛期至出梅期间成熟的梨树栽培方式并不普遍。根据地区的不同，6月下旬~7月中旬的降雨或光照也不同，但必须假设有7~10天的持续晴天才能进入采收期。从采收期开始倒计时，115天前开花授粉，在开花授粉前40天覆盖塑料薄膜。举个极端的例子，如果在入梅前（6月上旬前）成熟会因梅雨期而使果实的味道不足，但如果不能准确把握休眠时间，就会栽培失败。

◎ 覆盖时期的判断

在葡萄上，结果母枝上长出新梢，途中着生总状花序，新梢抽生后35~40天开花。新梢开始生长后，葡萄的花蕾还被茸毛包裹着，随着开花期临近花器官才形成。从外观上看到花蕾变化的同时，内部的子房、花粉等也变得充实。

在梨上，厚鳞片包裹的花器官充实，花粉具有发芽力是在开花之前。花粉母细胞的形成花粉如图4-2所示，开花前30~35天还是花粉母细胞，它分裂成两半，再分裂成两半，经过四分体期变成4个花粉。

这样看来，在加温栽培中，开花目标日的前35天左右是覆膜的最佳时期，如果3月1日开花，就从1月25日开始加温；2月20日开花，则从1月15日开始加温。如图4-3所示，幸水至少需要近700小时的低温积累时间，过早加温则无法满足休眠所需的低温积累时间，会造成生长发育不整齐，所以在日本九州地区无法进行加温栽培。

无加温栽培或者说简易覆盖栽培的情况下梨会受最低气温影响，2月下旬~3月中旬覆膜，不用太担心花器官的充实。九州北部以3月5日左右覆膜、4月5日左右授粉、7月25日左右采收的简易覆盖栽培方式最为可靠。

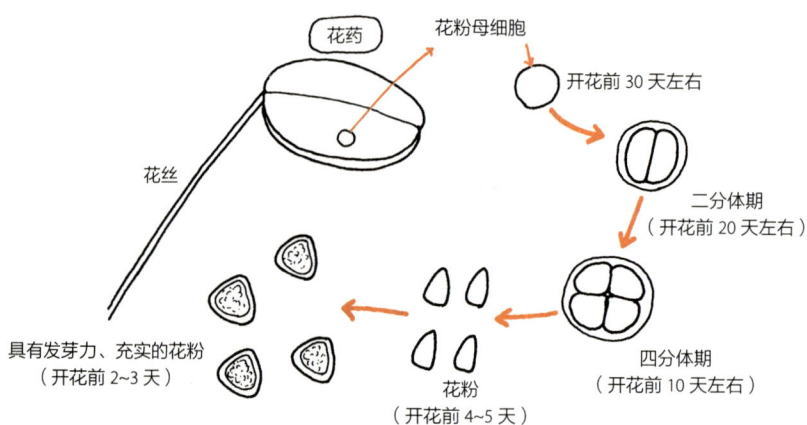

图 4-2　花粉形成过程

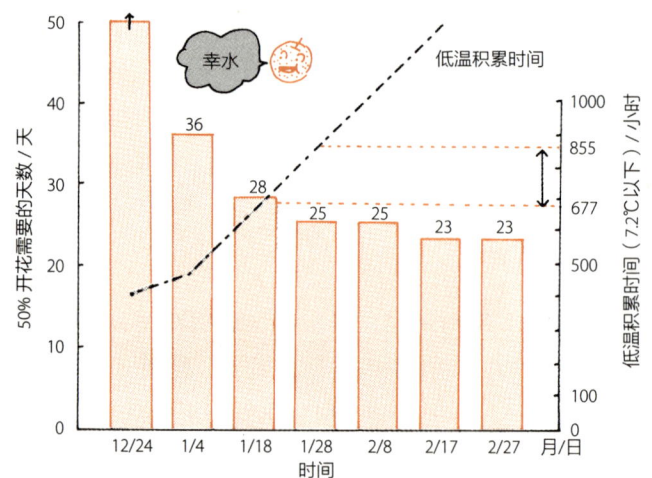

图 4-3　梨的休眠打破时期（1987—1988 年，姬野）
1988 年 1 月下旬休眠打破，一般年份在 1 月中旬休眠打破

◎ 给枝条洒水和浇水最重要

梨设施栽培中，温、湿度管理和换气管理是基本管理。覆膜后要充分浇水，少量多次浇水会妨碍地温的上升。因此每隔 7~10 天浇 1 次水，每次 20 毫米左右。夜温较低，却因为担心发生病害而少量多次向土壤反复浇水，降低了地温，进一步推迟生长发育，出现这种令人哭笑不得的事例。

其次，白天设施内很干燥，为防止枝条干燥，使枝条保持萌芽整齐的良好状态，要在枝条上洒水。特别是在加温栽培、采用双层帘覆盖的梨园中，即使在夜间也不会有水滴下来，因此很容易干燥。到 10:00 前，使湿度上升到像下雾一样的程度都是可以的。土壤是湿的，而花蕾不长大、花柄不伸长的原因之一就是空气过于干燥。

◎ 通过抹芽促进营养枝生长

由于是在高温环境下栽培，覆膜条件下新梢抽生数量很多。从隐芽长出的徒长枝也比露地栽培的多。在粗枝的侧位以上的芽萌发后，在其成为新梢之前先抹芽（图4-4）。

这时抹芽只要用手轻轻抹除就可以了，不产生剪口。从侧位偏下部位的芽抽发的枝条任其生长。

为了促进修剪后留下的预备枝上的新梢生长，要抹去预备枝附近的芽。这样，留下的新梢抽生早、生长旺，会控制本应停长的短果枝上再次抽生新梢，不会出现果实膨大期的枝梢郁闭。

图4-4 处于适宜抹芽时间的芽
将枝条侧位以上的芽抹除

◎ 防止枝条日灼

覆膜后，到了3月中下旬的晴天时，棚内会有30℃以上的高温。这个时期没有树荫，根部供水也很少，如果遇到持续的强光

图4-5 用碳酸钙涂白剂防止日灼

照和高温，老的主枝、亚主枝的上部就会因日灼而变黑。轻微晒伤时，徒长枝只在侧位生长，看似件好事，但很快就会发现树干变黑且黏糊糊的，进一步发展就出现树体枯萎。这个时期的日灼多发生在上午易高温灼伤的东南向梨园。

将碳酸钙涂白剂涂在主干及附近2米范围的枝干背上（图4-5）。

◎ 拱棚覆膜防止冻害

现在，种植户和非种植户混住，梨种植户、其他种植户及果菜类（特别是草莓）设施栽培户的增加。一直以来梨栽培使用的药剂喷洒、防鸟用的爆音器、防霜用的发烟装置等现在似乎行不通了。药剂喷洒、防鸟虽然可以特别留意或用其他方法（防鸟网覆盖等），但防止冻害却没有什么灵丹妙药。

因此，可采用拱棚进行简易覆盖来防止冻害。一直以来，开花早、光照好的梨园每年都要通过拱棚覆盖防治晚霜。以防霜为目的，现蕾后到晚霜结束进行短期覆盖就可以了。

密闭型的设施内最低气温比露地低，容易结露，第 2 天早上气温急剧上升，有霜害之忧。但是，周围用塑料薄膜简易覆盖的梨园，因为有空间，空气是流通的，所以温度通常比露地高出 2℃ 左右（图 4-6）。覆膜后

图 4-6　有空间的覆盖防治霜害

如果还有担心，可每 1000 米^2 设置 5 台左右的带防震装置的家用石油暖炉并置于梨园倾斜面下侧备用。

3　疏蕾促叶

二十世纪修剪时一般多留计划坐果数 20% 左右的花芽，果台的 1 个副芽有 7~8 片果台叶，2 个副芽有 15 片。二十世纪开花时红绿相间，而幸水却是雪白一片（图 4-7）。中熟的二十世纪盛开时已有很多叶片了，但是早熟的幸水的叶片数量却很少，不得不说是栽培措施不到位。为了增加叶片，必须摘去多余的花蕾，使叶片容易展开（图 4-8）。幸水的结果基准是 3~4 个花芽坐 1 个果或 1 根长果枝坐 6 个果，花芽鳞片脱落后，一看到花蕾就要想办法尽早疏蕾。

图 4-7　只有花而没有叶的幸水

图 4-8　通过疏蕾减少花量，增加叶片数

◎ 叶片数量增长过程的差异

从利用短果枝结果的树和利用长果枝结果的树的展叶数来看，每株都有约 4000 片叶，没有什么不同，但叶片的形成过程却大不相同。截至 5 月末，利用长果枝结果的树的展叶数大约多出 1000 片，之后利用长果枝的树长出 600 片，而利用短果枝的树之后却长出 2000 片（参照图 1-5）。

1 片叶从展开到长成成叶大约需要 30 天，所以叶片在果实膨大、糖分积累上发挥作用的时间差异非常大。抽生晚的枝叶消耗叶片制造的淀粉、糖和从根部吸收的氮素，生成氨基酸、蛋白质。当果实必须贮藏淀粉时，形成晚的叶片就会消耗这些淀粉，导致果实中的糖变少。另外，一直有新的生长组织，也容易遭受病虫害，病虫害防治的次数也会增多。

因此，在梨树生长初期增加叶片数的管理是极其重要的。

◎ 采收的果实数只有总花蕾数的 3%

5 年生幸水约有 3300 个花蕾，而采收的果实为 106 个，只占全部花蕾数的 3%，剩下的约 3200 个花蕾在中途脱落。首先，通过疏蕾留下 610 个花蕾，有 540 朵开花结果，通过疏果去掉 380 个幼果。长果枝按 3~4 个芽长 1 个果的比例结果。留下比预定结果数多 2 成的花芽，其他在修剪时就剪掉的二十世纪，1 个花序开 8 朵花，总花数的 10% 结果，幸水仅仅是 3%（图 4-9）。不让其结果的花蕾应尽快疏除，让养分用于展叶。

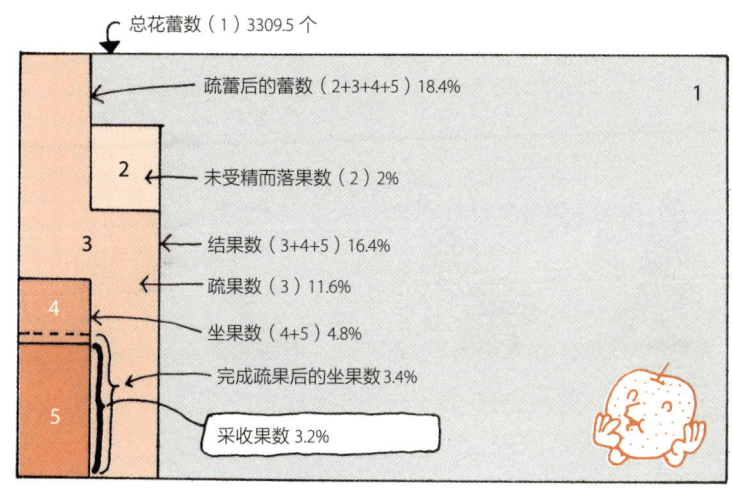

图 4-9　幸水现蕾至采收期间果数的变化

◎ 疏除哪部分花蕾

保留的花蕾和疏除的花蕾如图 4-10 所示。首先疏除主枝、亚主枝的 1~2 年生枝先端部花蕾，先端长势较弱时可以疏到 3 年生枝处。为了使主枝增粗和先端长势增强，幼树不能让先端部位结果。其次是长果枝疏蕾，枝条正背上的果实容易折断，应进行疏蕾；下侧的果实不易长成大果，而且果面容易被污染，全部疏掉。最后疏除子花和长果枝基部开花迟、充实度差的短花柄花蕾。疏蕾减少短果枝花中的子花和在同一个位置大量开的团子花，通过最小限度的疏蕾促进同一株树内开花日期一致。

以花序为单位疏蕾和 1 个花序疏成 3 个花蕾的方法，具体哪种方法好并不明确。笔者认为，在实际操作中以花序为单位，把不让其开花坐果的那部分花蕾去掉即可。

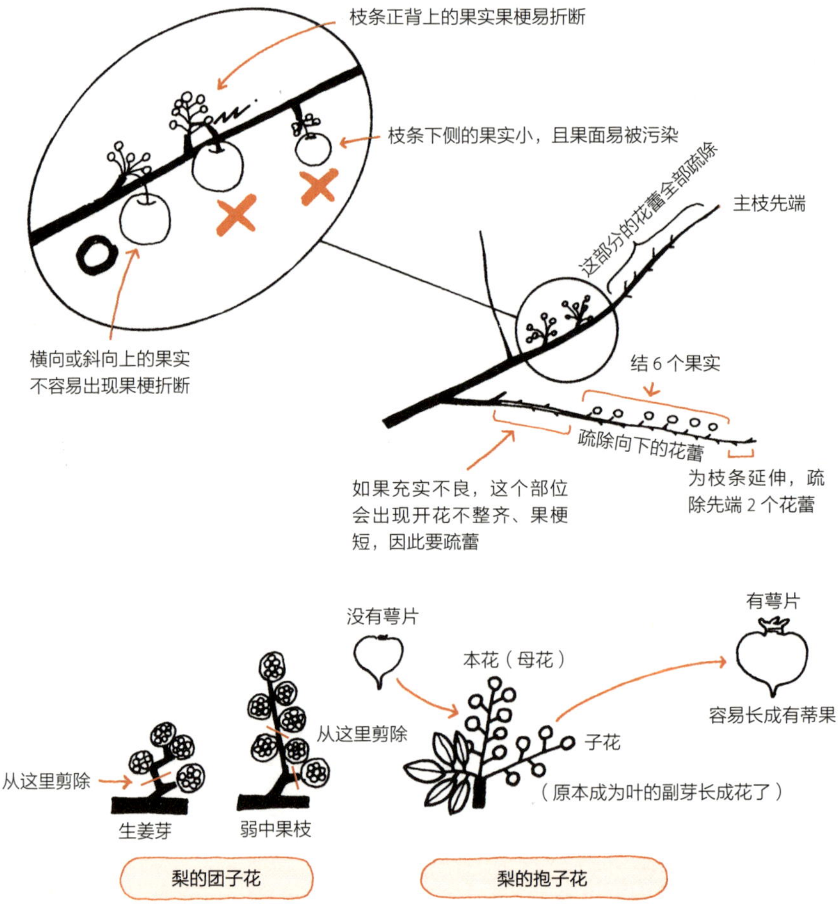

图 4-10　保留的花蕾与疏除的花蕾

还可以在授粉后疏花，限制结果数量的同时，从疏除的花中采集花粉，贮藏并用于下一年度的授粉。可将幸水的花粉用于丰水，丰水的花粉用于幸水，所以要根据各自的栽培面积采集花粉并贮藏备用。这种做法有利于开花前专心采集花蕾（疏蕾）。

4 花粉采集和贮藏的技巧

在二十世纪梨园，很多人将长十郎作为授粉树，每 1000 米^2 种下 1~2 株，在梨园的周围种植作为花粉采集专用树。但是，幸水成为主栽品种后，与丰水的组合栽植增加。幸水和丰水都是从结果树上采集花粉，再加上设施栽培增多，花粉的贮藏就变得极为重要了。既然所有生产者都不能购买花粉，为了优质和稳定高产，就必须改变对花粉的认识，确保自己有大量有活力的优质花粉。

◎ 花粉采自树势强的树

过去一般采取的花粉采集方法是把开花前的带有花蕾的枝条剪下来进行保温，促进其开花后采集花粉，但是现在在树上开花后采集花粉的情况变多了。这是因为栽培方式的多样化和幸水、丰水两个品种的栽培。

采集丰水的花粉时，选择几株树势较强的树，将其定为待疏除状态，在开花时同时完成修剪与采集花粉，或是只保留长果枝采集花粉，这样的例子也较多。从树势强的幼树上采集的花粉量多，能得到萌发率高的花粉。采集幸水花粉的时候兼带疏花，所以修剪时没有必要留下特别多的枝条（用于花粉采集）。

比较丰水树势强的树与树势弱的树上采集花粉的萌发率，树势强的树花粉萌发率高出 5%~10%，达到 80% 以上的萌发率。但是从树势弱的树上采集的花粉只有 70% 的萌发率，采集后立即使用尚可，但是不适合贮藏。

◎ 花粉采集在 1 天内完成

在采集花粉的过程中，即使按同样步骤采集，也会出现花粉萌发率低的情况。花粉是活体，从采花粉到变成粗花粉期间，花粉活力会逐渐降低，最终降低萌发率。

（1）采什么样的花最好　以花药为红色、第 2 天即将开放的气球状初开花最好。较硬花蕾的花粉粒小而不充实，而花药为黄色、花粉散出的花朵花粉量少。与着生很

多花序的长果枝相比，2~3年生枝上花的花粉量被认为较多，萌发率也相对较高，但也不必太在意。

（2）不要闷花　花朵从摘花到用花粉采集机进行花粉采集的这段时间，如果将其装在容器里，就会造成闷热。采完花后，要立即放到花粉采集机上，或者摊薄放好。如果上午采的花到了傍晚才处理，花粉萌发率会下降5%。

（3）采花药要少量、快速　图4-11展示了从花药采集到花粉贮藏的流程。将花朵放入花药采集机时，以单手能握住的量为限度，放进去少量，2~3秒就能排出花瓣等残渣。如果花朵长时间在机器里停留，花柄和花丝会大量混杂，花瓣的水分堵塞网眼，难以分离。这个阶段如果太贪心，花药的干燥就会耗费大量时间。

（4）降低湿度比起提高温度更重要　开药机的温度和湿度调节从花粉采集的3天左右开始进行，调节温度稳定至25℃以下，一般机械调节不了湿度，所以放入硅胶等干燥剂使其在机内干燥，并根据室内的条件调整，如果硅胶从蓝色变成桃红色就更

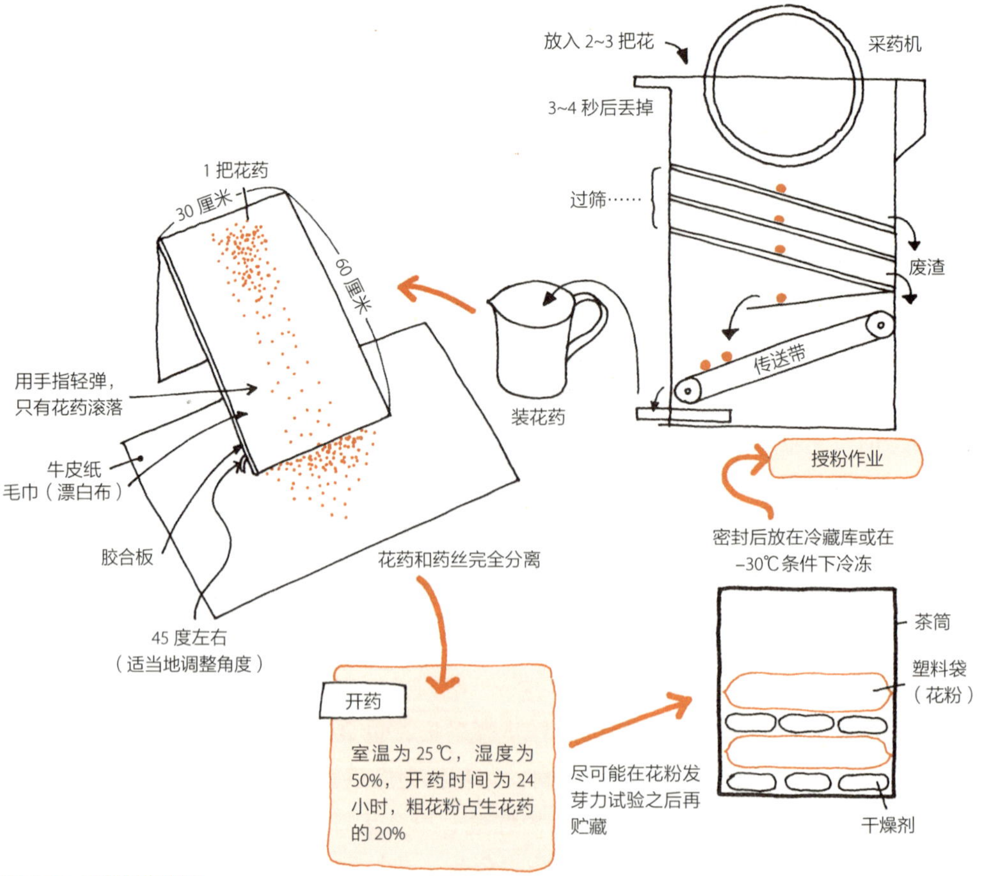

图4-11　花粉制作流程

换。起初，硅胶会在不到 1 天的时间内变色，但到了第 2 天的后半段，机内变得干燥，就不容易变色了。将使用后变色的硅胶放入锅用小火加热至变蓝色就可以再次使用了。

在花药处理过程中，为了不让花药重叠，应将其摊薄，放入生花药后 1 天之内，花药的红色就会消失。花药长时间呈红色是因为机内湿度高，而花药发生黑变多是未熟花药长时间在机内存放所致。

◎ 花粉的贮藏和利用方法

（1）**短期贮藏** 将硅胶放入到茶筒的一半左右，再放入 1 茶匙左右分成小份的花粉，放入冰箱里贮藏，每次取出半天的使用量。采集花粉后，在 1~2 天完成授粉的情况下，可以将花粉分成 50 毫升左右 1 份，但如果贮藏 5 天或 7 天则尽量将花粉分成小份，这样做萌发率不容易降低。

（2）**长期贮藏** 也可以将小份分装在茶筒中的花粉直接放在冰箱的冷冻室贮藏，这时要用塑料胶带把茶筒口密封起来，放在冷冻室深处，使其温度变化尽量小。因冷冻室只能降到 -10℃，如果能使用降到 -30℃的冷冻柜贮藏则更加安全。

若贮藏 1 年，贮藏纯花粉比粗花粉的花粉萌发率更高。

◎ 长期贮藏用纯花粉的采集方法

用细网眼的筛子采集纯花粉，缺点是花粉与花丝等其他杂物难以分离。因此，开发出了用丙酮、己烷等有机溶剂进行分离的简单方法。用这个方法分离的纯花粉，因表面有油覆盖而处于干燥状态，所以萌发率很高。但是有机溶剂的管理必须严格，所以建议到农协等机构的实验室或者检查室去做花粉精选。

图 4-12 展示了花粉精选的步骤，需准备的器具有 100 或 200 毫升的烧杯 5~6 个、纱布数块。

只要有处理药品用的药勺、棉棒、药包、己烷、回收己烷用的几个空瓶就可以了。

在烧杯上放 1 块纱布，放上 30~50 毫升（适量）的粗花粉，注入己烷，轻轻摇晃 2~3 次，花粉就会流出来。1~2 分钟后，将澄清液转移到另一个烧杯中。己烷可以使用 2~3 次，直到变成黄色为止，如果己烷变成黄色可以放入回收瓶。只要重复这个操作，就能简单地采集到纯花粉。

如果烧杯上有残留的花粉，待己烷全部蒸发后，用药勺、棉棒将其转移到药包纸上，将其分装贮藏。使用有机溶剂分离的花粉，虽然分离时萌发率比粗花粉低，但 1 年后其萌发率比粗花粉高 5% 以上。

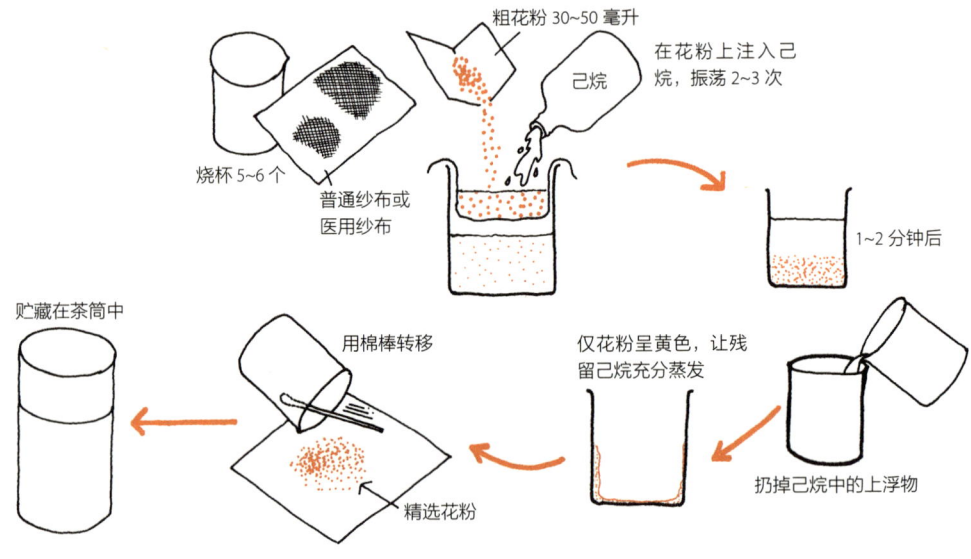

图 4-12　花粉精选的步骤

5 人工授粉的注意事项

◎ 必须认真进行人工授粉

有很多人认为,在开的每朵花上都沾上花粉,或在大羽毛或长棍的前端粘上毛笔,随意敲打花朵,就算是授粉结束了。这样授粉的结果是坐果不好或变形果多,但常被归咎于开花期的天气原因。樱花、梨的开花期是天气变化剧烈的时期,天气不好是很自然的事,所以认真授粉是必要的。

◎ 授粉要一次性完成

要想在短期内实实在在地授上粉,就要在授粉前一天进行疏蕾,在授粉前将早开的弱花序上的花、因不充实而迟开的花蕾疏掉,使开花整齐一致。1个园或1株树的授粉要想一次性结束,必须保持花期一致。如果开花时间连绵不绝,1株树要进行3~4次授粉才行。

幸水的果肉细胞分裂在授粉后约30天结束,果实发育开始时间相差5~7天,疏果时还不能区分果实优劣，但是随着果实的增大会出现变形果，果实大小也明显不整齐。比起东北与西南暖地、平地与坡地的差异，梨的果实更易在发育期出现品质不一致。因为幸水从开花到采收只有短短的 115 天，果实生长起点上迟滞，在采收时很难判断成熟度，采收的果实中很容易混入成熟不够的果实。

◎ 给哪些花授粉

人工授粉的必要性还体现在可以通过人工授粉限制坐果数量。坐果数量减少，疏果的劳动量就会减轻，作业也会提早结束。人工授粉已被证实与果实的早期膨大、裂果的减轻、枝叶的早期展开有关。但是，把田间管理分开来考虑的人，在授粉时只考虑坐果，使全部的花都沾上了花粉，外形相对好的果实却很少。

即使是知道 1 个花序中的第几序位果实的形状最好，最后疏果时往往还是留下了果台中（当时）最大的果实。给什么样的花授粉，不仅要考虑授粉后果实是否大、果面是否不容易被污染、果实是否不容易受伤、果袋是否容易套，还要考虑枝条管理与果实成熟采收等。另外，虽然授粉是简单重复操作，但只要事先经过培训，就不会在不适宜结果的位置、花序和花上授粉。

如果事先在疏蕾时就对操作者进行培训，让他们知道哪些花能结果，在授粉时就能做到心中有数，即使疏蕾工作没有完成也不会在不适宜的地方授粉。

授粉时，如图 4-13 所示，面向侧枝、结果枝呈直角站立，对正面向自己或稍微向上的花进行授粉，细致周到的授粉就是这么简单。授粉 2~3 个花序后稍微横向移动，重复此步骤。一边往旁边走，一边看后面授粉的方向。若看相反的方向，总觉得还有未授粉的枝条，反复授粉几次，这样会导致效率低下。

图 4-13　向正面朝向的花朵授粉
着色花粉的色素使花的中心呈红色

◎ 幸水 1 个花序坐 1~2 个果就够了

有一种意见是 1 个花序只坐 1 个果，幼果早期膨大会不好，必须坐 4~5 个果，但这只是出于一种多中选优的安心感，只要确实授上粉，长果枝结果的幸水 1 个花序坐 1~2 个果就足够了。

因只有1朵花授粉而担心时,可以对附近的花授粉备用。一般来说,对稍微向上的花授粉,洒下来的花粉也会让下面的花坐上果。利用短果枝结果、花芽数量有限的情况下,给1个花序的3朵花授粉为宜,防止坐不上果。

◎ 用小毛笔细心授粉

苹果销售时根据颜色和大小分级,梨根据形状和大小分级,虽然品种间有差异,味道都只排在第3位。苹果的形状不是什么问题,梨的颜色(与形状相比)排名比较靠后。梨的形状之所以受到重视,是因为大家都知道果形整齐的梨一般内在品质都好。

在日本,没有一种果实像梨一样,因品级、等级的不同价格差异如此之大。秀品的2L级果稳产丰产的种植者与良品的L、M级果的种植者获得的价格会相差一倍。再加上选果、包装和劳动力、生产材料,收益会相差更大。除产量上的差距外,品级和等级上的差异是梨栽培的显著特征。要想种出果形好的梨,需要保持花芽的质量一致,授粉细致周到,果实膨大后期没有新梢旺长。

这其中授粉是最大的影响因素,即使麻烦也要像图4-14那样,用小毛笔在5根雌蕊上均匀地沾上花粉,尽可能让种子数量接近10粒。特别是在设施栽培中,没有授粉的雌蕊很长时间都不枯萎,成为灰霉病和蒂洼处果面被污的原因。

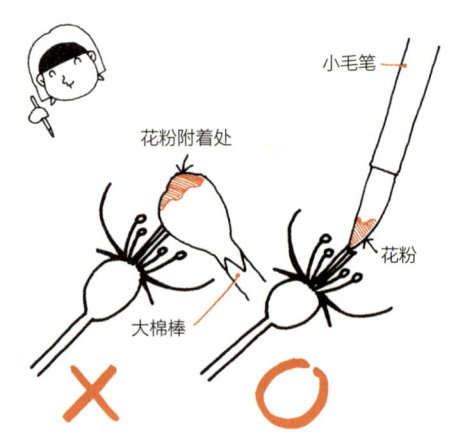

图4-14 用小毛笔仔细授粉

有的年份幸水多发心腐病,原因是该品种的亲本菊水易发生心腐病,某种程度上讲也是没办法的事。在最近的研究中,从心腐部分检测出黑斑病致病菌,推测是由于枯萎后残体雌蕊侵染所致。幸水的果实不发生黑斑病,但雌蕊可能是果实心腐的原因。为了让雌蕊尽快枯萎、脱落,就必须确保让花授上粉。

◎ 设施栽培从浇水开始

梨设施栽培具有密闭度越高梨树越难坐果、种子数越少的倾向。这是因为,与设施内容易产生高温相比,白天空气湿度低、雌蕊的柱头干燥,花粉很难萌发,或者很难附着在柱头是更为重要的影响因素。柱头被黏液湿润并变得光亮,黏液使授粉毛笔变硬需要经常更换笔头，而这样的条件是授粉所需要的，为此，要在园内轻浇水以提高湿度。这类似于露地的焚风现象，通过空气急剧干燥，促进开花进程。

◎ 花粉出库后马上使用

使用贮藏 1 年的花粉授粉时，最好从冰箱取出后立即授粉。有人习惯把花粉从冰柜移到冰箱里放 2~3 天，也就是让其适应后再使用，但花粉萌发率就如图 4-15 所示那样迅速降低，所以这样做完全没有意义。在 -30℃左右的低温下贮藏的花粉取出后马上进行萌发试验，只要 2 小时就会萌发。

按习惯看法，-5℃或 -10℃贮藏的花粉萌发需要 4~5 小时，所以会产生提高温度的想法。但是，花粉适应期间的萌发率降低比萌发所需的长时间影响更大。

另外，因手头的花粉量少，或者为了区分是否授过粉而采用石松子稀释花粉时，要确认花粉的萌发率后再决定稀释倍数。简单地按粗花粉 2 倍、纯花粉 5 倍稀释是危险的。将 80% 萌发率的花粉稀释到 5 倍和将 40% 萌发率的花粉稀释到 5 倍时，具有萌发力的花粉浓度大不相同。

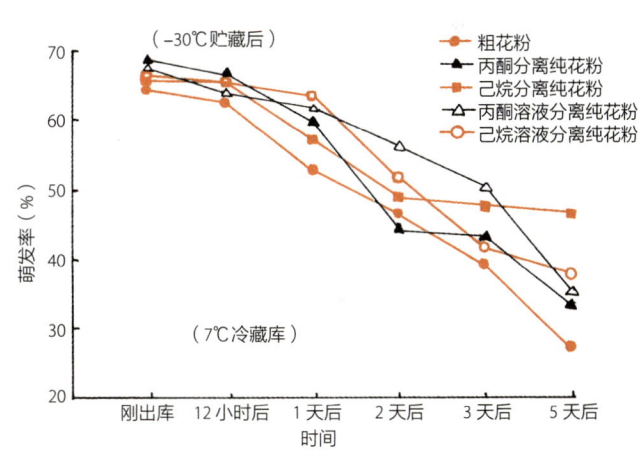

图 4-15　花粉出库后萌发率的降低程度（丰水）

桃、柿的授粉只是为了坐果，而梨授粉还为了获得良好的果形，对于授粉的认知需要从根本上改变。

◎ 简便可行的花粉萌发试验

最近，进行花粉萌发试验后再授粉的生产者变多了，图 4-16 列出了花粉萌发试验的步骤。因为试验很简单，在农协的实验室可以轻松进行，确认一下萌发率就放心了。另一方面，正因为操作简单，如果不按技术要领做，会导致意料之外的低萌发率。制作萌发床时，加糖之前先关火、不要使琼脂表面干燥，只要注意这两点就不会出错。

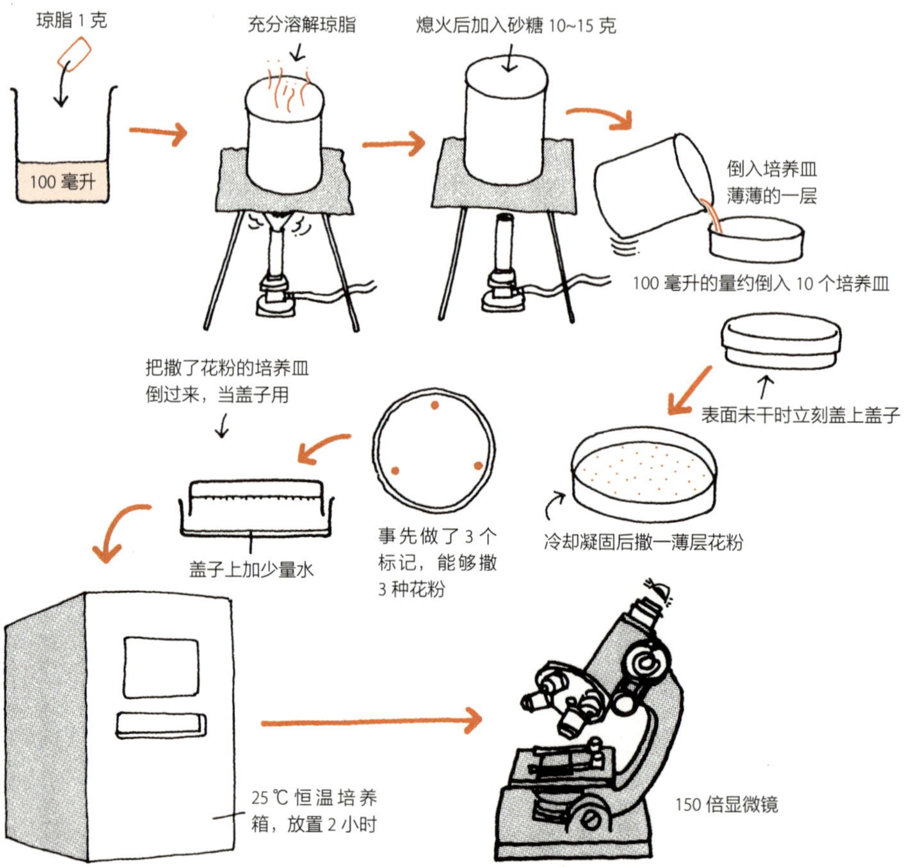

图 4-16 花粉的萌发试验

去掉棒状琼脂（白色）的坚硬部分，去除灰尘后称 1 克，轻轻水洗并放入 100 毫升水加热。此时使用的水不一定是纯水，但是水中漂白粉较多时要煮沸再使用。琼脂完全融化后关火，加入 10~15 克砂糖并使其融化，倒入所需数量至培养皿中，铺薄薄一层，立即盖上盖子，这样萌发床就做好了。加入砂糖煮沸后琼脂液会慢慢变黄，这是因为越加温，液体的 pH 就越低（呈酸性）。萌发床的 pH 越低，花粉的萌发率越低。

将花粉薄薄地、不成块地撒在萌发床上，放置于 25℃的恒温机或开药器中，约 2 小时后用 150 倍的显微镜检查。如果萌发不够充分，再延长 1 小时左右。用棉蓝中止花粉管的伸长并染色。把培养皿放入恒温机时，盖朝下，加入少量水，倒转后萌发床朝下，可使琼脂表面不干燥。用滤纸保湿时，渗入滤纸的水 3 小时就会干燥，还需要花额外的费用，因此将培养皿倒过来是最好的方法。

◎ 授粉后的农药喷洒

人工授粉结束后多长时间后可以进行病虫害防治？或者说，什么农药剂对坐果会产生影响目前还不太清楚。因为使用波尔多液明显会对坐果产生不良影响，所以在授粉后间隔 2~3 天进行防治，只保留了这种习惯。

杀虫剂对花粉的发芽和坐果几乎没有影响。但是，杀菌剂多少会使花粉的萌发率降低一些，坐果率也会变差（表 4-1）。在生长初期喷洒的杀菌剂中，除有机铜外的其他农药在应用上不会有花粉萌发率问题。

表 4-1　喷洒农药后的坐果率（%）

农药名	1 个果台的坐果率														
	授粉后 1 小时喷洒					授粉后 3 小时喷洒					授粉后 5 小时喷洒				
	坐果率	坐 0 个果实的比例	坐 1 个果实的比例	坐 2 个果实的比例	坐 3 个果实的比例	坐果率	坐 0 个果实的比例	坐 1 个果实的比例	坐 2 个果实的比例	坐 3 个果实的比例	坐果率	坐 0 个果实的比例	坐 1 个果实的比例	坐 2 个果实的比例	坐 3 个果实的比例
异菌脲	72.7		9.1	63.6	27.3	76.0		17.2	37.5	45.3	73.7		1.9	51.9	46.2
多氧霉素复合体	67.7		37.3	37.3	25.4	72.0	4.0	12.0	48.0	36.0	85.9		3.9	34.6	61.5
氟菌唑	79.7		8.5	43.8	47.7	83.9		6.1	36.1	57.8	81.6		3.4	48.3	48.3
甲基硫菌灵	74.9	1.6	14.4	41.6	42.4	73.6		15.5	48.3	36.2	76.2	2.0	12.2	40.8	45.0
有机铜	59.4	11.8	27.5	31.4	29.3	64.2	5.7	23.4	43.5	27.4	77.0		9.8	49.2	41.0
敌菌丹	55.2	6.0	33.3	45.5	15.2	42.0	10.0	58.0	28.0	4.0	68.9		23.3	46.7	30.0
对照区	88.3														

注：与杀虫剂二嗪农 1200 倍液混用。

如果在人工授粉后 1 小时喷洒农药，无论哪种农药都会导致花粉萌发率变差，这与将花粉在萌发前用水冲洗掉的结果是一样的。3 小时、5 小时后，对坐果及此后的果实膨大有影响的只有有机铜和甲基硫菌灵。

综上所述，虽然杀菌剂比杀虫剂更能影响花粉萌发和结果，但只要在授粉结束后间隔 1 天进行就没有问题。相反，这个时期由于工作重叠，防治的间隔期变长，动辄 10 天以上不能喷洒农药，易导致黑星病、黑斑病或蚜虫发生。特别是在设施栽培中，由于开花时间拖得过长，灰霉病应成为防治的重点。

6 抹芽在成枝前进行

◎ 为什么需要抹芽

从枝条的剪口和老枝背上会冒出带红色的萌蘖枝,一个地方冒出 1 根或数根。这些带红色的萌蘖枝在同一个地方抽生,成为新梢的却只有 1 根,或稍间隔一定距离再抽生 1 根。长势强的长成新梢,长势弱的不知不觉间消失的情况很多。

问题是,这种长势强的徒长枝不是我们所需要的,我们需要培育的是从枝条侧位或侧位以下长出的枝条。对于长势强、有可能发育成徒长枝的萌蘖枝,不用剪刀,用手轻轻按压就能抹除去,这种抹除尚处在带红色的阶段(幼嫩阶段)萌蘖枝的操作叫作抹芽(图 4-17)。

图 4-17 抹芽时萌蘖枝(红芽)的状态
这个时期枝背上的芽用手按压抹除

由于梨采用非自然整形和对强枝控制修剪方式栽培,在利用贮藏养分阶段,梨生长发育易受到芽数量的限制,或者说容易出现芽数不足。新梢或枝条尚处在较细的阶段时芽的数量多,而老枝或粗枝与其自身长度相对应的芽数量就偏少。就单芽而言,老枝、粗枝贮藏养分的分配量多。由于这些老枝、粗枝的芽数量少,对贮藏养分利用有限,所以平常不活动的隐芽或潜伏芽利用剩余的养分而生长成徒长枝。

另外,在地温上升较晚但幼芽活动较早的暖地,养分转换期的 5 月上旬,新梢会暂时停长,到 5 月下旬再次生长,这是由于根的生长和枝叶的展开不均衡而产生的现象。这样就导致强的新梢更强地生长,而想培育成长果枝的营养枝却只能在停长后二次伸长,或从枝条的中部开始至先端变细。这不仅关系到徒长枝生长,而且关系到养分和水分向主枝、亚主枝先端等需要强势生长部位的高效分配。因此,抹芽应成为暖地重要的田间管理工作。

◎ 抹除哪些部分的芽

对主枝、亚主枝背上萌发的红芽，一经发现立即去除。这个部分的芽变得强势后，下侧很难萌发嫩芽。

其次，从大的枝条剪口产生的嫩芽，侧位以上的全部去除，从侧位以下及下方产生的芽保留，用作长果枝或预备枝。老的侧枝背上的芽也要去除。

◎ 发现即抹非常重要

疏蕾、疏果和根据品种不同进行套袋的作业是在4~5月，此时的田间操作很多。在完成主要管理工作过程中，一旦发现了不需要的芽就立即去除。抹芽不是只做1次就结束的工作，而是必须多次巡查。虽然它在生长发育初期的管理中极其重要，但是抹芽工作没必要从头开始，发现了就去除即可。生产上的常见问题是对需抹除的芽视而不见，即使发现了也置之不理，而是等到长成新梢后再疏枝。

◎ 早熟和晚熟品种的树势增强

早熟和晚熟品种要比中熟品种（二十世纪、长十郎）更需要强势的新梢生长。也就是说，如果不让树体抽生大量新梢，果实的膨大就会变差。但是，不是要在主干附近长枝林立，而是必须在主枝、亚主枝的先端附近形成强大的长势。

因此，位于主枝先端附近、直径为3~5厘米的部位至先端的芽抽生的枝条可任其自然生长。特别是幸水、丰水有主枝先端容易变弱、主枝中部至先端不易增粗的特性，先端更应多留一些新梢。主干附近的叶幕层薄、先端叶幕层厚是梨树生长发育期的理想状态。

7 除草剂使用与割草作业巧妙结合

除草剂因使用方法不同，效果有好有坏。应先了解优势杂草的种类，抓住其生长发育特性。还要理解除草剂的作用机理和除草效果，在此基础上再考虑什么时候使用除草剂，什么时候割草。

◎ 初春用除草剂裸地化

在 3~4 月的果园中，婆婆纳、繁缕及一些小的禾本科杂草非常显眼。虽然每下一场雨这些杂草都会生长得更加旺盛，但都是用普通的除草剂就能防治的杂草。

这个时期最重要的是把地面裸地化，提高地温。另外，这个时期由于是枝条诱引完成，设施管理、疏果、病虫害防治等对梨栽培来说是最重要的田间管理，所以先抛开除草剂的功过，用速效性除草剂省力地进行杂草防治才是上策。

◎ 多年生杂草在秋季防治

秋季要防治多年生或宿根性的艾蒿、羊蹄草、问荆等杂草，只要采用对这些杂草有效的粒状除草剂，以植株为中心施用就可以了。使用割草机或中耕机有时也会增加杂草的数量。另外，问荆是一种不把根拔起来就很难防治的杂草，也是土壤酸化的证明，在这些地方应多用苦土石灰或施用有机物。

被植物吸收后转移到根上发挥效果的除草剂和容易气化的除草剂，在果树生长初期很难施用，所以最好只在秋季于想用的地方点状施用。在梨和苹果开花期间，如果使用容易气化的除草剂，虽然对枝叶没有影响，但容易导致坐果不良，设施栽培条件下更容易引发问题，所以对难以防治的杂草要在秋季施用除草剂。

◎ 5~6 月割草

5~6 月是杂草和病虫害防治最紧迫的时期。除了园内，还要加上园区周围、坡面等的除草工作。从坡面管理、防止表土流失等方面考虑，要把杂草根系留下，所以要进行割草。若把割下的草放置在坡面上，会增加土面的腐殖质，成为土面崩坏的间接原因，所以要把割下的杂草运至园内，作为覆盖物或有机物原料利用。

◎ 除草剂的副作用

有人认为，使用除草剂会使土壤变劣板结、土壤微生物消失，还会出现黑斑病加重的问题。但是，也有人认为使用某种除草剂处理后，梨园内黑斑病病原菌密度也会降低。不管怎样，这些都是偏离主要目的而产生的次要影响或副作用吧。

如果可以不使用除草剂，就最好不要使用。如果因人力分配而无论如何都要使用，考虑其副作用，可能会做到更有效地利用吧。

例如，果实大但着色迟、糖度低的梨园，在想采收时间的前 2 周让杂草枯萎、土壤干燥，在采收结束后杂草再次生长，如此操作可使果实着色变好，糖度提高 0.5%。这也许是更适合追求果实品质时代的栽培方法。

不论水田还是旱田，考虑到每一茬栽培结束后都要对土壤进行改良，使其适合下一茬的播种。果树栽培也会因果实生产而破坏土壤，同样需要进行土壤改良。

不进行中耕或深耕，采用化学肥料和除草剂连用对土壤是最坏的。

8 萌芽期和展叶期的水分管理

每一场雨都对梨的芽膨大、萌芽、展叶及叶的生长起着至关重要的作用。尽管水的作用很重要，但在露地栽培中，除了盛夏外，生产者对浇水并不怎么关心。这是因为如果是一般的年份，降水多时，从初春到 5 月的降雨就是浇水，虽然当时看起来有效果，但很难说对产量和品质有多大影响。

设施栽培的梨生长发育初期生长旺盛，养分转换期不会一次性停长，但是露地栽培的梨初期生长不好的一个重要原因是水分供给不充分。开花、展叶需要大量水分，为了使之后的新梢生长旺盛，生长发育初期的浇水很重要。

如果设施栽培或露地栽培时在 5 月干旱，果肉就会粒化，出现粒化症（图 4-18），变成比重较小的果实。实验性地对盆栽幸水浇水 2~3 天后控水，叶片就会下垂，果实也会萎蔫。如果给它浇水就会马上恢复，但果实会暂时变成水浸状，就像"水梨"一样，之后就会出现粒化症。

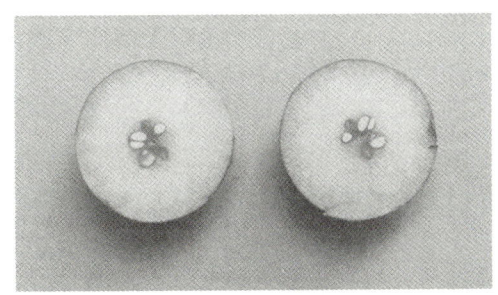

图 4-18　生长发育初期因水分不足引起粒化症的幸水

1988 年出现的幸水、新高的粒化症，二十世纪、丰水的"水梨"症状发生的原因，都是 4 月~6 月上旬的高温干旱。此后的低温或多雨会助长"水梨"症状。

分析 30 年间日本鸟取县产二十世纪梨在市场上的评价和天气类型的关系，好评年份的天气是生长发育初期高温、夏季干旱型，或者只有夏季是干旱型，即使是在受到好评的年份，在生长初期高温的年份一般都会被称赞果实肉质好。这在米山的《产地急剧变动的 30 年简史》中有记载。

另外，在生长发育初期进行补温的梨设施栽培中，无论是二十世纪还是幸水，果肉都较细腻，很好吃。与二十世纪的"柚子肌"通过简易覆盖栽培可以减轻相反，这也是丰水产生"水梨"的原因。果实的品质变差或出现生理障碍的原因容易被归咎于临近成熟的天气变化，但从长期积累的数据来判断，生长发育的前半期就已确定了果实的本质，此后的天气变化只是让果实的发育进一步走向比较好或比较坏的方面。

进一步说，为了使梨在生长发育初期长出大叶、枝繁叶茂，在梅雨期以后又不至于过于茂盛，在应用设施栽培成果的同时，如何进行生长发育前半期的水分管理是一个有待解决的问题。

9 去除设施栽培的塑料薄膜

◎ 去除简易覆盖的塑料薄膜

4月下旬的气温升高，棚顶低的简易覆盖物下会出现温度上升到产生高温障碍的程度。简易覆盖的优点是不必每天都进行温度和湿度管理。首先，打开棚区上侧周围的塑料薄膜进行通气。5月上中旬，最低气温接近15℃时，去除顶棚上的塑料薄膜。如果不及时去除，新梢就会变细、变弱、容易倒伏，花芽的形成也会变差，最晚也要在授粉后40天内去除。

◎ 去除加温栽培的塑料薄膜

从4月中旬左右开始打开和关闭周围的塑料薄膜进行换气。开花结束后，如果萼片脱落，就去除双层窗帘。这个时期的园内夜间保持一定湿度、白天干燥，这样反复进行会导致果面粗糙。就像前面说的那样，因为幸水是中间色的品种，所以如果环境变成像套了小袋一样的状态，果实就会变成黄色。

从5月中旬到入梅大约1个月的时间里，去除顶棚上的塑料薄膜，接收外面的空气，让新梢充实。因为新梢在设施栽培条件下较软，所以和露天栽培相反，需要将它呈向上直立状诱引。

6月中旬左右，再次覆盖塑料薄膜进行遮雨，防止雨水从园区的周围流入。如果土壤干燥，用塑料薄膜可以提高糖分，但如果土壤潮湿，成熟期会推迟。

第 5 章

新梢生长期至幼果期的管理

在幼果期，果肉细胞分裂而使果实急剧膨大，之后种子形成，进入新梢旺盛生长和叶片形成时期。从秋季开始到这个时期为止，利用贮藏养分和氮素的肥效形成新的组织，是果实生产系统完善的时期。新梢停止生长以后，是向果实运送更多养分，提高果实品质的时期。要了解前期的生长情况，就要进行营养诊断，判断追肥、果量控制情况，这些都与后期生长相关联。这一时期的生长流程和栽培要点如图 5-1 所示。

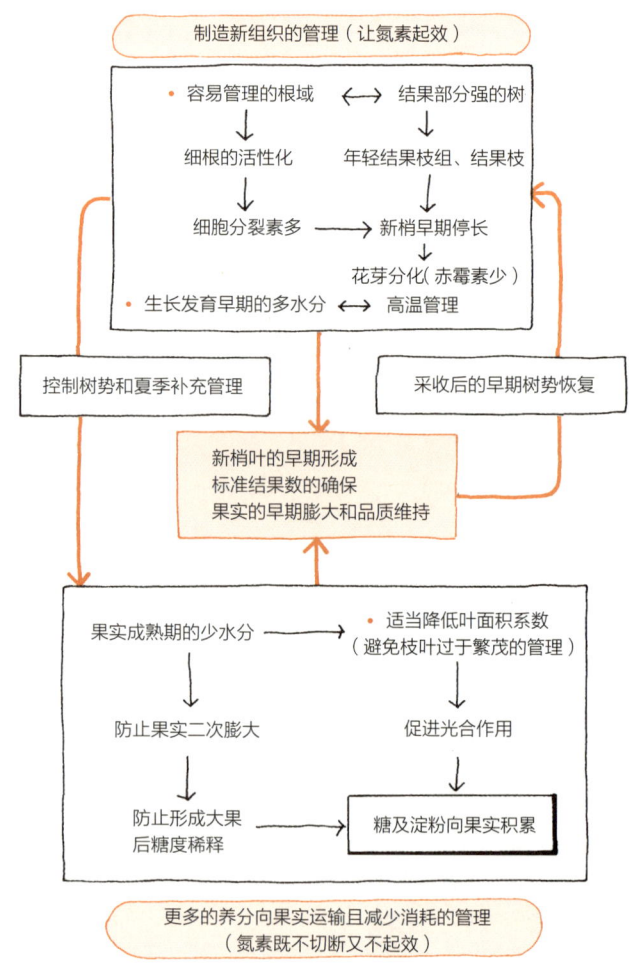

图 5-1　高品质梨园连年稳定丰产的路径

1　营养诊断的着眼点

◎ 诊断目的与诊断时期

利用叶分析方法、叶色板或叶绿素仪等将树的营养状态用数字表示的研究，多年来一直在持续。但是，最终对每株树进行诊断的是生产者。

通过营养诊断，观察分析梨的营养状态，为各个时期的梨管理提供标准。6月、8月采集树叶或土壤进行相关指标分析，为秋季至冬季土壤改良、基肥施用提供基本管理标准。

生长发育期营养诊断基于多年的经验和直觉，其判断标准因人而异，每个梨园都有不同的特点。

虽说是叫营养诊断，但实际上主要是观察氮素的肥效，从生长发育过程判断其肥效是要上调还是下调，这是夏肥施用、结果数量控制的依据。

每个生长发育期应该是怎样的枝条硬度、颜色，应该是怎样的叶片和果实大小、颜色，生产者把这样的图像都刻在脑海中，努力做到接近这样的标准，那才是梨栽培。因此，虽说在各个时期都在进行营养诊断，但在生长发育旺盛时期有时会出现错误的诊断。生长发育期营养诊断的时期应是树体在某种程度上完成了枝叶生长且生长发育趋于稳定之前，也就是在5月下旬~6月新梢生长停止前，此时被认为是最佳时期。

◎ 全园及树体的整体诊断

6月下旬左右，从远处眺望整个梨园都是呈灰色的，这是徒长枝停长推迟的证据（图5-2），远眺时梨园呈绿色的状态是比较好的。另外，在仔细观察之前，入园时对梨园明暗程度、地面的光照等大致的感觉也是很重要的。

对于1株树来说，新梢的数量和长度最能显示树的生长力。主枝、亚主枝的先端长势强，有1米以上的枝条生长吗，徒长枝处于怎样的生长状态，营养枝、侧枝的先端是怎样的，果台枝的顶芽是形成短果枝还是长出小枝了……从大处逐渐转移到小处观察。当然，结果数量、果实大小和形状等也是判断的依据。

每株成年树的新梢长度合计为300米左右为宜，低于此值则树势较弱；如果新梢数量过多，则可以判断为树势较强。3根主枝的梨树，每根主枝的新梢总长约为100米。对利用长果枝结果的幸水，只要关注1米左右的营养枝数量，就能做出判断。

图5-2　远眺时的梨园状态
7月下旬远眺梨园呈灰色，是枝梢停长推迟的证据

◎ 新梢的诊断

在新梢生长旺盛期，仔细观察枝头的叶柄，会发现在它的基部有像叶片一样的托叶。有 4 节左右残留托叶，表明新梢长势比较弱；有 6 节左右残留，表明新梢长势比较强。托叶有时也被称为副叶，而在生长有力的徒长枝上，在本叶同样的地方长出 2~3 片比正常叶稍小的叶片也被称为副叶，所以最好区分一下托叶和副叶。

一般情况下，梨能长出副梢的强新梢很少，但强修剪或氮素过多的树上徒长枝也抽生副梢。特别是丰水新梢容易弯曲，在弯曲处顶点的芽容易活动并抽生副梢。

新梢的形状以基部和顶端大小相差不大为宜。越往先端越细的"前细型"新梢弱，表明氮素不足；相反，先端变粗的"前粗型"新梢多，表明氮素过多，容易出现果实成熟期延迟和糖度不足。"前细型"新梢多的树，新梢停长早，"前粗型"新梢多的则停长晚。新梢的生长不仅取决于氮素的肥效，还受到土壤水分的强烈影响，这一点一定不能弄错。

梨的花芽分化是由顶芽向下分化的，所以生产者习惯性地特别重视停长叶[⊖]。停长叶以 3 片中等的叶片最好，2 片则太弱，4 片以上则太强。以停长叶为中心，顶端的叶片如果受到锈壁虱、蚜虫类等的危害，叶片会变小或脱落，腋花芽的形成情况变得极差，这是观察的要点。新梢的长度和强度以微风能吹动为宜。当然，最好不要有枝梢的二次生长（图 5-3）。

图 5-3　二次生长的新梢
A 到茶色部位止为充实部位，B 不充实

◎ 叶片的诊断步骤

果实是叶片变化而来的。因此，叶片的大小、形状在某种程度上可以预测采收时果实的大小、形状。

花芽中包括主芽的花束和两侧的副芽。副芽变成花芽后形成的花被称为"子花"或"有子花"。一般来说副芽有 2 个，如果只有 1 个，叶片数就会减少。有 2 个副芽时，1 个果台的叶数为 14~15 片；有 1 个副芽时，1 个果台的叶数为 7~8 片。进一步

⊖　停止生长时的顶芽叶片。——译者注

讲，如果花芽变弱变成"子花"，叶片就会消失。最先展开的果台叶是早期对果实生长有用的叶片，它的数量是极其重要的。

诊断时，首先以新梢的数量多少、强弱和叶片的形成进度等为基础，观察要确保的叶片数有多少；然后看果台叶的大小，再看看最下面的被称为"豆叶"的小叶片。以豆叶大、着生较长时间后再黄化、落叶的为佳；很小的豆叶会早早地变黑脱落。

在观察叶片的时候，最好先确定要看哪一部分的叶片。例如，特别注意观察果台从下往上数第3~4叶，使用叶色板或叶绿素仪时也是如此，在选择叶分析用的叶片时，要采集未结果的果台从下往上数第3~4叶。这样，在追踪生长发育过程的同时，还能准确无误地看到年度间的变化情况。

◎ 叶形、叶色等的诊断

（1）**果台叶**　果台叶的下部叶是圆的，越往上叶形越长，这与第1序位果是扁平的、第7~8序位果是长形的情况相同。最理想的状态是：从下部开始，有2片宽度和长度相同的叶片［横向和纵向的比值（以下简称横纵比）为1:1］，接着有3片纵向稍长（横纵比为1:1.5）的叶片（相对于第3~5序位果的叶片）、2~3片纵向长（横纵比为1:2.5左右）的叶片。

幸水的果台叶多为5片左右，纵向稍长的叶片较少。

1）叶片的大小。以横向为7~8厘米、纵向为10~11厘米为标准，判断叶片是大还是小即可。

2）叶片的形状。叶肩展开、看起来呈心形的是有活力的叶片，其树体有很多具有活力的细根。整体上圆形的叶片多的时候，树势呈下降之势，果形扁平，有小果、早熟倾向。反之，叶片明显呈纵长形，果实呈长形，虽有大果倾向，但容易变形，成熟期推迟。

如图5-4所示，垂叶（呈像屋檐雨水管一样两侧向内的状态）的叶片背面的叶脉高高凸出，叶片大，常下垂，或者叶片边缘呈波浪起伏或翻卷，则属于氮素过多。因根系问题或氮素不足而长势较弱的叶片，叶尖会收缩、变形、变黑，这反映了湿害或养分转换期的营养不足。

（2）**叶色**　叶色以深绿、有光泽为佳。叶色深得发暗或发黑，则说明氮素过多，过于光亮的绿色则说明氮素不足。叶色的判断也因品种而异。

二十世纪、新水从隐芽生长出来的芽（新梢）颜色是红色的，成形后的叶片颜色深；幸水新芽长出后带黄色，叶片厚度也影响叶色，幸水的叶色一般呈浅绿色，比二十世纪浅。

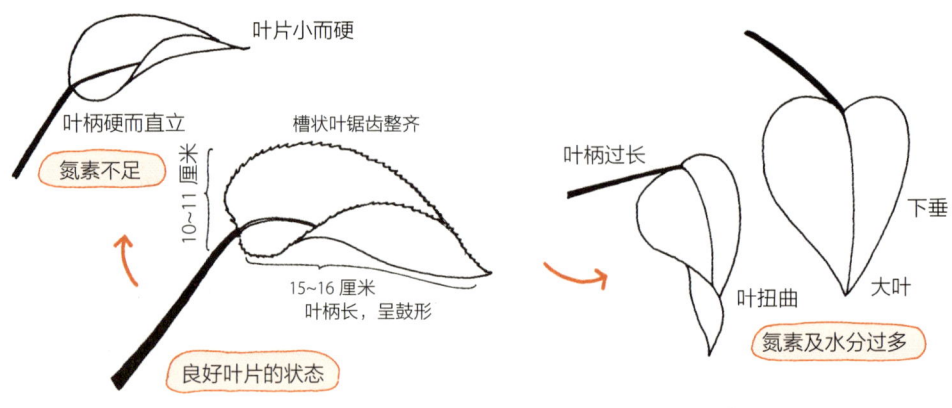

图 5-4　叶片的状态

（3）叶柄　叶柄呈粗长型（鼓形），呈 35 度角直立，叶尖呈直角为佳。氮素过多时，叶柄又软又长，容易下垂。

（4）叶片侧面着生的锯齿　叶片的中央部大而开张的锯齿状态较好，叶片的锯齿小、未开张表明根的活力不足。摸一摸叶片，感觉有厚度、有弹性的较好；薄而扁的叶片表明光照不足，是容易变黄、脱落的叶片。稍微捏紧就会裂开、叶身脆弱的叶片多是氮不足和钾过多。

◎ **营养元素的余缺诊断**

在新建成的梨园中，可以看到微量元素的缺乏。镁的缺乏很容易判断。叶片呈白色或黄绿色，可以考虑铁缺乏或钙缺乏，但要在分析的基础上做出判断。建园后没有使用铜制剂的梨园，有施用硫酸铜后就转绿的例子，虽然用这种方法治好了，但是不能判断是铜的缺乏症还是肥料元素过剩或不足造成的生理性障碍。

叶分析虽然对当前的生长发育状况没有任何帮助，但可以作为秋季进行土壤改良时的参考，最好在新梢已停长、生长发育稳定的 6 月中下旬进行。

2 幼果期疏果的技术要点

授粉结束后 2 周左右，未受精的花会掉落，幼果一天比一天大，到了果实因果肉细胞的分裂而变大的时期。

◎ 结果数量多少为合适

从秋季到冬季的管理以基准产量为目标进行。但是，到了疏果阶段，必须根据坐果情况、幼果形状、叶片大小及天气变化等因素决定每 1000 米^2、每株树的结果数量。

特别是树势差异大的幸水，需要一边观察新梢叶片，一边判断哪些树为多结果树，哪些树为极端地限制结果树。

对于树势弱、营养状态差的树，可以通过追肥或叶面施肥进行加强管理；但是对于树势强的树，其生长调节方法是先增加坐果数量，然后根据生长情况减少结果数量。施在土里的肥料无法收回，疏掉的果实也不能复原。从这个意义上来说，比起弱树的疏果，更要注意强树的过度疏果。

幸水每 1000 米^2 的结果数量以 12000 个果为基准。如果种了 30 株，每株就有 400 个果。根据树势或树冠面积的不同，结果数量可以增减 2 成左右，但要尽可能确保每 1000 米^2 的结果数量。

◎ 幸水疏果（花）在授粉后马上进行

利用长果枝的幸水以 3~4 个果台结 1 个果为原则，约有 20 个芽的长果枝上留 5~6 个果实。

首先，疏除果梗容易折断的长果枝背上果台上的果实（花），容易污染果面的下侧的小果（花）及果梗短的长果枝基部开花迟的果实（花）。这些是从一开始就确定要疏掉的，本来就应该在疏蕾时疏掉。但是，留下的那部分即使在授粉后也要进行疏花，以增加叶数。

幸水的幼果，没有二十世纪那样萼片脱落痕迹（呈皇冠形）的隆起，果形很难判断。好的幼果蒂洼部凹陷小、绿色深，多少带有红色，那样的幼果能长成大果，果实膨大期的裂果也少。

疏除幼果时，第 1 序位果即使大也要疏除；第 6~7 序位果的果梗很长，不易折断，但成熟期较晚，而且味道较淡，容易形成长形果，所以要去掉。这样一来，要从第 3~5 序位果中选留大果，不仅幸水是这样疏果，其他梨的疏果也是如此。

◎ 二十世纪在能判断果形后疏果

二十世纪的疏果是在萼片脱落后，在看得出"皇冠"时进行。未受精的花朵开始脱落时，很难判断是否为好果，在幼果膨大后、"皇冠"消失时，果实膨大停滞，大小都差不多，很难判断是否为好果。这时疏果会导致变形果增多，也容易形成小果。二十世纪的疏果如图 5-5 所示，在授粉后的 20~40 天，保留有"皇冠"的幼果，其他果实疏除。

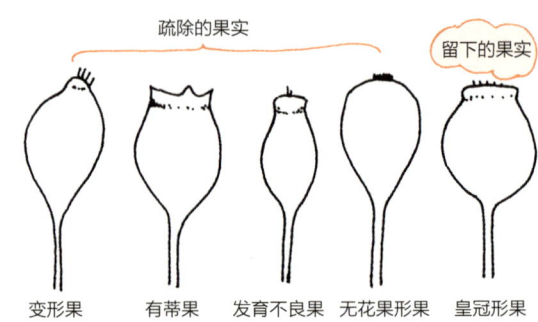

图 5-5　疏果时留下的果实与疏除的果实形状

◎ 疏除什么样的果实

主枝、亚主枝的顶端要长出 2 根长 1 米以上的新梢。根据其长势，至少保持 30~50 厘米（约 2 年生的位置）不让其结果。长果枝的顶端如果新梢生长有力，也可以让其结果，但是不能让以短果枝为主体的侧枝先端结果。

子花上结的果一般都是有蒂果（带萼片的果实），虽然是大果，但果形不好，味道也不好，要疏除。母花果即使是有蒂果也可以保留。在授粉期高温和设施栽培的情况下，有蒂果有变多的倾向，初期生长发育旺盛，有蒂果也会增多。也有不得已剪去果蒂部分，疏果时将其留下的情况。

优先疏除变形而发育不良的幼果、病虫害果，以及其他受到枝条擦伤等伤害的幼果。

◎ 保留斜向上的果实

通过修剪、疏蕾、授粉管理，以获得斜向上的果实为目标。这是因为，在二十世纪上这样的果实方便套袋，在幸水上这样的果实不易断轴、果面不容易出现脏污，而且在无袋栽培的情况下，果实不易被枝条擦伤。幸水幼果期的脏污果出现在低于果台的部位，而且在叶片荫蔽处的果实容易着色不均。所以，疏果时，应保留果梗较长、略微向上的果实（图 5-6）。

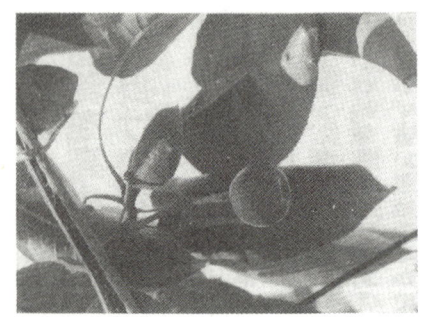

图 5-6　留下果梗长的幼果

◎ 消除导致心腐的因素

梨心腐的发生因遗传（品系）不同和树龄不同而异，在树势弱或秋寒早时容易发生。在新品种培育阶段，很早就要淘汰易发生心腐的品系，因此人们多认为心腐是遗传方面的原因引起的。但是，幸水的设施栽培多了之后，因地域或梨园的不同，心腐的问题变得越来越明显。用显微镜观察因心腐而褐变的部分和中心部的空间里生长的霉菌，确认和梨黑斑病的病原菌一样。幸水一直被认为是不患黑斑病的品种，但实际上是使用了对黑斑病和黑星病同时有效的药剂，如现在已不再使用的敌菌丹水和剂，喷雾后可有效防治黑斑病，所以心腐在内部隐藏起来了。

在设施栽培中，没有授粉的花丝有长时间不枯萎的倾向，而且幸水的果实蒂洼部较大，有时空洞会深到果心部。据此推论，从这些部位侵入的病原菌孢子，在果实酸度较高期间潜伏，到了成熟期，果实酸度变低、糖度变高，病原菌就会增殖发展成心腐。因此，要去除在疏果期花丝仍然残留的果实。另外，为了以防万一，有必要在落花后立刻喷洒对黑斑病和黑星病都有效的药剂。

3 提高品质的套袋技术要点

◎ 有袋还是无袋栽培

有袋栽培还是无袋栽培的选择要根据品种或地域来考虑。在老产地无袋栽培，如果不能彻底解决轮纹病的问题是难以进行的。

另外，无袋果味道好、有袋果味道不好的说法并不一定正确。在日本，大产区进行共同选果、共同出货（销售），可以遵从选果场的指导方针栽培。但在个人发货的小产地，相比投资与无袋化相关的设施，套袋的安心感可能更大。

◎ 二十世纪的套袋

二十世纪的套袋有防治黑斑病和增加果面保护的效果。套小袋有利于黑斑病的初期防治，同时也有抑制果皮间木栓化发展的效果。因此，早疏果并短时间内套小袋的意识在二十世纪梨生产者中已根深蒂固。

特别是疏果、套小袋期间气温高、持续晴天使幼果发育良好的年份，若套小袋前不进行药剂喷洒，多导致黑斑病增多。相反，如果天气不好，反而会注意防治，黑斑病有减少的倾向。在套小袋之前必须喷洒药剂，除定期防治外，还要认真地做好套小袋前每天的防治工作。

从套小袋结束到套大袋为止的时间如果少于 20 天，果实就会变白，采收时果实糖度也会变低。大袋的类型有 2 种，一种是内纸为石蜡纸、外纸为牛皮纸的果袋，另一种则是内纸为卷纸、外纸为石蜡纸的果袋。如果用外纸为石蜡纸，袋内会变干，所以糖度会变高，但成熟期稍晚，果面不太光滑。相反，内纸为石蜡纸时虽然外观漂亮，但糖度却比外纸为石蜡纸的低。

在通风良好、容易干燥的梨园，用内纸为石蜡纸的果袋；园内湿度高的梨园，用外纸为石蜡纸的果袋，要区别使用。八云、菊水等也采用二十世纪的果袋标准。

◎ 褐皮梨的套袋

新水、幸水、丰水等褐皮梨套袋的主要目的是防虫，特别是防蛾，尽可能采收时接近无袋栽培果实的外观。

套袋时间是果实后期膨大开始之前，一般使用红色石蜡纸果袋或抽油的牛皮纸果袋。如果是在这个时期进行套袋，二十世纪也可以用内纸为黄色卷纸、外纸为石蜡纸果袋。

晚熟品种套袋时，根据地区不同，多采用报纸制作的双重袋、三重袋或厚纸袋，但这种果袋的袋内较暗，袋口会留下绿色，所以也有梨园为保护果实外观在采收前 1 个月采用葡萄用的那种袋内明亮的果袋。

4 植物激素的利用

授粉后 30 天左右开始在果梗上涂抹赤霉素涂布剂，对新水、八云等小果品种的效果特别显著，这也是设施栽培幸水所必需的作业环节。另外，如果新梢诱引会提早停止生长，也会促进花芽分化，这也是如图 5-7 所示那样生长素等激素状态发生变化的结果。调节植物生长的栽培管理也是激素调节，会影响细胞的分裂、膨大、分化，左右植物生长，但激素本身并没有直接的营养效果，一般认为它们的作用是控制养分的分配和使用。

到目前为止，发现的植物激素有生长素、细胞分裂素、赤霉素、乙烯、脱落酸等。如图 5-8 所示，新梢生长期生长素和赤霉素多，而停长后的枝条细胞分裂素起主要作用。

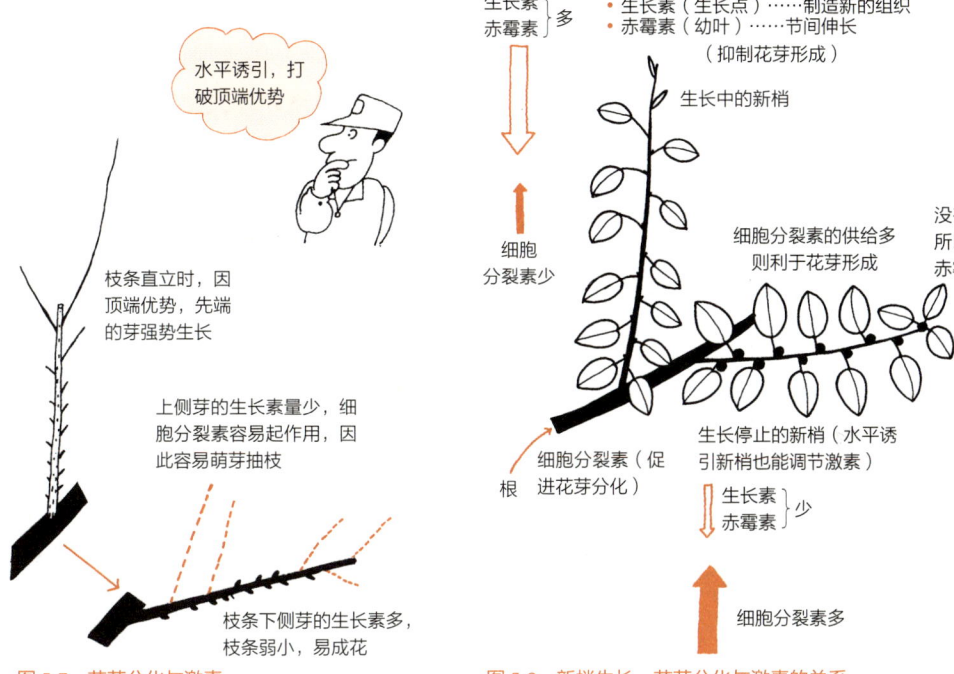

图 5-7 花芽分化与激素

图 5-8 新梢生长、花芽分化与激素的关系

◎ 各种植物激素的作用

（1）**生长素** 生长素由茎尖组织合成，对顶部的生长起促进作用，促使新梢伸长，但过多的生长素向新梢基部移动，以较大的浓度抑制下部的侧芽（腋芽）发芽、伸长，防止枝条极端分枝，保持顶端优势。

生长素在梨上并不是为了促进生长，而是作为生长发育抑制剂使用。防止落果的马德克（MCPB）乳剂、停裂剂等是具有类似生长素作用的药剂。

（2）**细胞分裂素** 细胞分裂素类主要起到活化细胞分裂的作用，但对伸长没有直接作用。细胞分裂素在根端合成，通过木质部供应到枝端。与新梢前端生成并向下移动的生长素的作用相反，具有消除顶端优势、促进分枝的作用。樱花的丛枝病是由于病原体侵入而产生细胞分裂素，局部小枝多发，顶端失去优势的例子。最近的研究表明，细胞分裂素对花芽的形成起重要作用，细胞分裂素多时，枝条和芽停止伸长，花芽的形态很好，对细根生长也具有重要作用。在梨栽培中尚未使用细胞分裂素类，其是对果实膨大的效果药剂试验正在进行中。

（3）**赤霉素** 赤霉素类是促进植物节间伸长的激素。赤霉素类能从许多植物中分

097

离出来，它们的性质略有不同。赤霉素还可以作用于嫩叶和种子合成，促进各个器官的膨大和生长。在梨栽培中，将赤霉素制成膏剂，涂在果梗上，用于促进果实的膨大。

（4）乙烯 乙烯有很多作用，对植物组织老化、果实成熟等方面都起作用，还有降低果实、蔬菜等鲜度的作用，影响保鲜，所以作为鲜度保持剂的乙烯吸附剂的开发迫在眉睫。在梨栽培上，叶面喷洒乙烯可以促进果实成熟。

（5）脱落酸 脱落酸对生长旺盛的新梢有使节间变短、落叶的作用，与赤霉素的作用相反，抑制生长。也有人说植物的矮化是因为脱落酸的作用，但也有人认为这是矮化砧木中含有大量脱落酸造成的。在梨栽培中，脱落酸类没有被应用。

◎ 赤霉素膏剂的果梗涂抹

梨和苹果种子内合成的赤霉素（GA），在众多赤霉素中以 GA_7 的形式为主。在葡萄上被利用的是 GA_3。在提纯赤霉素的阶段，如果将 GA_4 和 GA_7 单独分开，其中一个就会被破坏，所以将含有 2 种成分的赤霉素 GA_{4+7} 用羊毛脂制成糊状即赤霉素膏剂。在果肉细胞分裂结束时，即授粉后的第 30~35 天，将赤霉素膏剂涂抹在果梗上，使果实膨大。它对果肉细胞分裂也有一些作用，使细胞膨大的效果更大。在八云、新水等小果和不易裂果的品种中，其效果极为显著，但在露地栽培的幸水中，有的年份裂果会增多，所以它在幼果膨大差时很难应用。

◎ 乙烯利促进成熟

用水稀释乙烯利后喷洒会产生乙烯气体，它作为梨的果实成熟促进剂已在生产得到实际应用。乙烯虽然有很多作用，但是在梨上主要是用于促进果皮变色和快速将果实中的淀粉转变成糖。使用它可使二十世纪提早采收 10 天左右，褐皮梨则提前采收 5~7 天，但有时会出现裂果，使用时要注意（图 5-9）。

在二十世纪栽培上，可以在果实直径达到 30~35 毫米时喷洒乙烯利 4000 倍液（25 毫克/千克），或者在果径达到 60 毫米、盛花后的 100 天左右，喷洒 1000~2000 倍液（50~100 毫克/千克）。幸水在自然状态下也容易裂果，乙烯利的使用时期限定在不易裂果的采收前。

另外，乙烯也是一种促进衰老的激素，因此，采收后保鲜天数较短的幸水

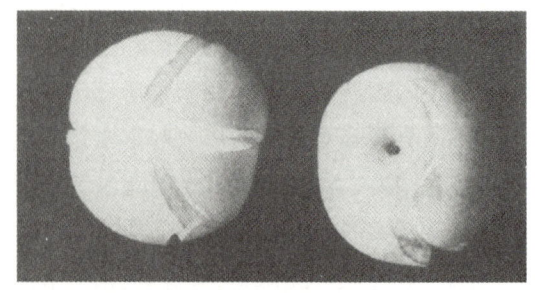

图 5-9 乙烯利引起的裂果（二十世纪）

或新水使用时要严格限制。如果要在幸水栽培中使用乙烯利,在自然成熟采收开始前2周左右、果径在75毫米以上时用2000倍液喷洒,能比不喷洒乙烯利的提前5天左右开始采收。

在幸水栽培中使用乙烯利时,必须考虑如何销售。如果是观光或者面向本地市场销售,流通所需的天数可以不考虑;但如果是面向大城市市场销售,流通需要2~3天,所以最好不要在盛夏出货销售的地区使用。

另外,由于乙烯有抑制新梢生长,使新梢提早停长,所以在二十世纪栽培中,当果径达30毫米左右时,将它充分喷洒到新梢顶端会得到更好的效果。

5 新梢停长期的诊断与施肥管理

◎ 枝梢延迟停长导致养分浪费

从枝条剪锯口或不定芽产生的不必要的新芽,最好是通过抹芽去除。但是,对于长成徒长枝的新梢,为了不影响果实膨大、品质和花芽分化,必须进行管理。最近有一种夏季修剪时轻易去除新梢的风潮,这是错误的。对梨树树体来说,持续生长必要的枝条被轻易疏掉,那就必须重新生长,旺盛生长后又被剪除,就要反复二次生长或再发芽,不断形成新的生长组织。

为了生产出高糖度的果实,需要进行良好的光合作用,光合成的碳水化合物要运进果实,同时还要防止消耗运进果实的碳水化合物。

果实膨大后期,营养枝长1米以上、叶数达到20~22片甚至以上还在生长,表明枝条停长晚。枝叶一直生长会使光合作用产生的碳水化合物与根部吸收的氨基酸、蛋白质结合,通过细胞分裂形成新的组织(图5-10)。

到了这个时期,原本应该在果实中积蓄的同化养分被使用,这就意味着光合产物从果实流向新的组织。如果种子的胚胎形成期和新梢

图5-10 新梢抽生是养分浪费

的旺盛伸长期重叠，种子就会因为营养不足变成瘪籽。梨的种子数很多，所以不易落果，但像桃这样只有1粒种子的果树会出现"6月落果"（生理落果）。

另外，在梅雨期这样的长雨期，新梢持续生长、同化养分不足的情况下蛋白质合成却仍在进行，碳水化合物不足、下部光照不足的部分叶片就会变黄。

从根部吸收的主要是硝态氮素，它转变成氨态氮与碳水化合物结合，从氨基酸转变成蛋白质、核酸、维生素、激素分配到各部位，这就是从根部吸收氮素的同化。如果碳水化合物的供给太少，对植物来说就等于氨一直存在于体内。

氨是一种有害物质，在体内接近酰胺态氮的氨基酸会转化为不易利用的氮素等待碳水化合物的供给。植物为了有效利用已经吸收的氮素，在梅雨期或秋季落叶前，在叶片变黄前会使用碳水化合物制造蛋白质。

◎ 维持氮素在合理水平

生产者想要的是坐果数量多、大果多和产量高。为此，他们希望多施以氮素为主的肥料。但是现在是果实质量不好则消费就无法增长的时代。不能增施氮素生产味道淡的果实，又不能切断氮素提高糖度，却生产出小而硬的果实。而且，能左右花芽分化的氮素过多或过少会影响数年。

从果实膨大期到落叶期氮素肥料不多不少的管理很重要。为此，可以根据每株的生长状态进行少量施肥、新梢管理，以及限制坐果数量等，但为了在梅雨期根系不受湿害，使表面水迅速流出的排水作业十分必要。

另外，为了梅雨期长势较弱的细根尽可能长时间保持白根状态，可用覆盖的方法防止出梅后地温的急剧上升，而为了防止杂草过于茂盛引起的养分和水分竞争，割草管理十分重要。

6 6月疏枝有必要吗

◎ 有必要疏枝的是前期失管园

生产者普遍认为在二十世纪的栽培中，坐果后就不要去碰树。这是黑斑病防治中的生理性防治措施，即让树势保持中等偏弱，不让其徒长，尽快完成枝叶生长。早期的目标是让果实重达250克，但现在大家习惯了大果，二十世纪的300克果实看起来也像小果。

另外，像新水、幸水那样，主枝、亚主枝的背上容易抽生强大的徒长枝、从侧位或下侧难以抽生枝条的品种栽培比例变大了，6月轻而易举地（一次性）疏除新梢变得很正常。而在过去，无论是夏肥的施用还是新梢的诱引或疏除等操作都是在不过多影响树生长的情况下一点一点分几次进行的。

最近人们误以为这是一项理所当然的技术，其实这应该是前期抹芽偷懒的后果吧。

不进行抹芽导致徒长枝多，果园光照变差后又进行疏枝。这样一来，新梢就会二次生长，剩下的新梢就会变强，果实中的种子变成瘪籽，变形果多、果实大小参差不齐。

万恶之源是秋季没有进行间伐、冬季不疏粗枝而是回缩修剪、春季不抹芽。即使在4~5月抹芽，徒长枝也不会长到需要疏枝的程度。

◎ 这样的枝条不用疏枝而是诱引

树龄老化后，根系出现障碍而导致新梢长势下降的情况自不待言，即使是主枝、亚主枝先端的新梢生长至1米以上，整株的新梢长300~350米也没有必要疏枝。如果将快要强旺的新梢分2~3次诱引，棚下光照会得到改善。

如果仔细进行抹芽，不让徒长枝变得强大，通过诱引让新梢作为长果枝或预备枝利用，就没有必要疏枝。

◎ 疏枝前先诱引

幸水栽培中，有必要疏枝的树很多，尤其是7~10年生的初结果树，在主干增粗快的时期徒长枝多，而且容易变得粗大。与二十世纪相比，幸水的主枝在主干高出2倍以上处开始呈水平状，先端力量较弱，主干附近徒长枝多。这样一来，由于水分会流向年轻且强势的枝条，会使主枝先端越来越弱，导致在养分竞争中失败。这个树龄或长势的树必须疏枝，让主枝横截面从倒三角形变为饭团形。

6月必须疏枝的树长势强旺，如果疏枝，它就会重新发芽、生长。如果这样做，分配给果实的糖分、碳水化合物就会不足，成熟期就会延迟，风味也不好。处理方法：先将枝条基部揉软，或在基部制造伤口将其拉倒诱引。从主枝和亚主枝背上产生的徒长枝不会用作长果枝，目的是抑制生长和改善阳光，因此重叠也没关系。

这样处理后，将仍然直立状态的枝条疏除，每株只需要疏除10~15根新梢就可以了。

不是先疏枝后诱引，而是先诱引后疏枝，这样可以做到最小限度地疏枝。

7 新梢的诱引方法

根据新梢的抽生部位和利用目的不同进行诱引。例如，主枝生长期的幼树需要用竹竿辅助，以 45 度左右的角度诱引，以免折断或下垂，但成年树的主枝先端不用诱引，可以放任它生长。如图 5-11 所示，如果像营养枝一样水平诱引主枝先端，主枝先端就会变弱，因此，必须针对不同枝条进行有目的地诱引。

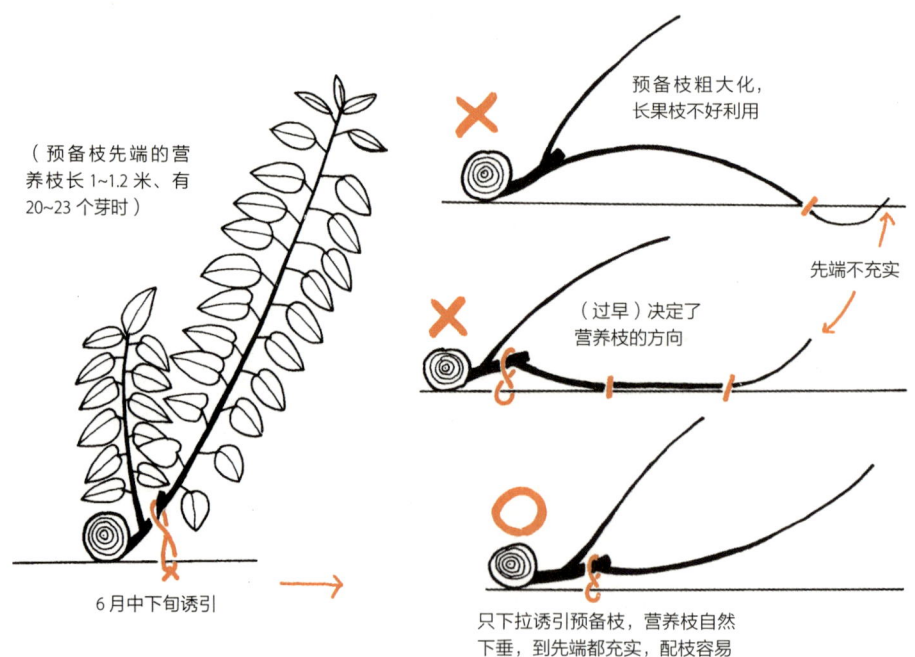

图 5-11　只对预备枝用绳子诱引

◎ 需增强长势的枝条诱引

从粗枝下侧抽生的新梢整体上细、弱枝多。如果放任不管，在树荫下就会变成没有绿芽的无用小枝。但是，如果把这样的枝梢拉到棚面上，就会成为预备枝。这样的枝条强壮、不易变粗，如果很好地诱引，就会变成使用年限长的结果枝。用竹竿抬高诱引生长延伸中的主枝、亚主枝的顶端，它就会变强。

◎ 作为长果枝利用的枝条诱引

冬季修剪的时候，不要诱引预备枝，保留直立状态的 2 根营养枝。到了 6 月中旬，营养枝长到 1 米以上，芽数为 20~22 个，出现停长叶时，一边扭动预备枝的基部，一边用绳子诱引营养枝。如果预备枝拉倒，则营养枝也会跟着拉倒，此时没有必要诱引营养枝。如果用绳子将营养枝诱引到 30 度以下，枝条顶端附近有 4~5 个芽的枝段会突然变细，冬季修剪时必须强短截才行。如果放任不管，顶芽也会充实起来，冬季修剪时只需要进行去除 1~2 个芽的短截就可以了。

对于主枝、亚主枝的侧位或侧上部长出来的新梢，扭动新梢的基部时注意不要折断，尽可能使绳子靠近新梢基部，防止诱引成弓状。

对作为长果枝利用的枝条进行诱引，可使其生长提早停止，促进花芽分化。同时，为了使花芽的质量保持一致，培育从基部到先端同样质量的枝、芽，不宜以固定的枝条方向和角度进行诱引。

◎ 徒长枝的诱引

不要轻易疏掉徒长枝，这不仅可以确保叶片的数量，而且有时为了防止二次生长要进行诱引，做到不形成荫蔽。徒长枝不作为长果枝和预备枝来利用，所以找到空间诱引成弓形也没关系，还可以 4~5 根枝条绑在一起诱引。总之，只要结果部分和作为长果枝培育中的营养枝有光照，能防止枝梢的过晚停长即可。

◎ 一定要利用长果枝结果时的诱引

徒长枝林立，树体高大，却不能确保结果枝的数量，无论如何要利用长果枝结果时，可利用从主枝、亚主枝侧上位长出来的徒长性的新梢。在新梢基部用锯子划伤一半左右，诱引至水平，7~10 天就形成腋花芽。由于枝条的质量和诱引时期不同，花芽的着生情况也不同，多少有些地域性的变化。在九州北部，6 月中旬是诱引的最佳时期。

◎ 不需要诱引的新梢

从侧枝或长果枝背上长出来的新梢，因为长势不太强，所以没有必要诱引。但是长果枝顶端的新梢呈下垂状时，如果抬高其角度诱引，果实的整齐度会变好。

◎ 设施栽培园的新梢管理

设施栽培和露天栽培在新梢管理上虽然在表面上没有什么特别的区别，但是如果多年持续进行设施栽培，从主枝背上很难长出新梢，从侧位长出得多，受光照不足和高温的影响，枝条很容易倒伏。因此，在设施栽培中，为了确保长果枝在新梢停长之前的这段时间内保持直立是个问题。

利用简易覆盖的拱棚，用绳子将树枝吊起来，或者水平地拉上黄瓜栽培用的网，不要让新梢倒下来。新梢停止伸长后，只诱引长势强的新梢。在设施栽培中，叶数、小枝数虽然多，但如何确保足够的、能坐约 6 个果的长果枝是个问题。

8 梅雨期的土壤管理

梅雨期有利于水稻栽培，但果树栽培会因梅雨期产生湿害、枝梢徒长、不充实、病虫害多发等问题。为了在梅雨期前完成枝叶生长，在梅雨期不伤细根关系到完成果实的后期膨大，这个时期的土壤表层管理很重要。

◎ 挖沟排水

雨水多在土壤表面流动。被土壤吸收的水如果超过了土壤持水量，就会变成地下水流出。在有积水的梨园和排水不好的梨园，园内残留的水超过了土壤持水量，处在过湿状态下土壤中的空气被排出，根和微生物等会因氧气不足而衰弱。蚯蚓在梨园周围或从水渠爬出并死去，是由于土中的氧气不足而使它们来到地表的结果。

被打药机和拖拉机压实硬化的通路容易积水，可在此处挖 1 条浅沟，以便地表水流出。

用大型机械挖深沟，其尾端的水不能排出而造成积水的梨园较多。通过坡面排水会有土崩的危险，排水不是一件简单的事。为此，挖 2~3 条沟并将其连通，确认其能将水排至园外。挖沟时必须知道水往哪里排，不考虑排水流向就挖沟反而会使湿害加重。

◎ 麦秆覆盖防止表土流失

5月下旬~6月上旬麦收，麦收后剩下的麦秆用作果园覆盖材料有很多优点（图5-12）。虽然稻草被水淋湿后会变硬，透气性变差，土壤表面呈块状，但麦秆即使含着水也不会变硬，而且透气好、不会和土壤表面粘在一起，还因为有空气层形成，土壤表面变软，进入土壤中的雨水流出受限，是防止表土流失、盛夏期地温上升和干旱的有效材料。

但是，在出梅晚的年份，使用麦秆覆盖的幸水成熟期推会迟2~3天，糖度稍低是其缺点。通过改变麦秆的量和覆盖时期等可以弥补这个缺点，梅雨后一定要保持根部活力，防止树体结果疲劳。

图5-12 采用麦秆覆盖的地表管理

◎ 防水布覆盖

在果树上也尝试过乙烯或聚乙烯薄膜覆盖，但用的却很少。这是因为进行覆盖的时期及当时的土壤水分条件不对，覆盖后产生相反效果的例子很多。

例如，在土壤水分多的条件下覆盖，土壤水分积在地表附近，导致果皮着色晚、糖度低。相反，如果在干燥状态下进行覆盖，糖度变高，但果肉会变硬。

现在，日本各地还在研发各种农业用的覆盖材料，其中包括具有通气性、不易透水的材料。有的材料既可以让多余的水不进入土中，同时又因为是乳白色的覆盖材料，有很多散射光，用在梅雨期采收的设施栽培幸水梨园，多少也能弥补光照不足。

◎ 梅雨末期的杂草管理

在梅雨期，为了防止表土流失，保护果园坡面，最好用割草的方法管理杂草，留下草根。但是，梅雨末期的杂草管理是割草还是使用除草剂，根据品种和地区的不同而异。

在暖地，虽然杂草的过度生长令人烦恼，但在某种程度上保留杂草，可以防止地温急剧上升或地表水分蒸发散失，更有利于保护树体。从这方面考虑，假定在 7 月 20 日左右梅雨期结束，而这个时期杂草再生，需要除草，如果使用抑草期较长的除草剂，最迟也要在 1 个月前处理；如果是人工割草，也要在 10 天前处理。如果在 7 月上旬用迟效性除草剂，采收会很方便，不过采收后的树叶显著变黄，需要时间恢复树势。

第6章

果实膨大成熟至采收期的管理

果实横径达 30 毫米以上时，果实看起来有点大了。新水的果实黑斑病发病时期，奇妙的是果径都为 35~40 毫米时糖度达到了 7%。从这个时期开始果实进入膨大后期，是果实逐步成熟的时期。不仅果径变大，果肉中的淀粉、糖也开始发生变化。这个时期是果实生产的最后阶段。

1 防止幸水裂果的方法

果面有黑星病病斑或伤口，果实会在膨大阶段裂开（图 6-1）。八云、新世纪等品种，会因蒂洼部脏污而裂果，新高这样的大果也会因此而产生裂纹。另外，新水、二十世纪的蒂洼裂果，可以在果实后期膨大期间，或在散布乙烯利的果实中看到。但是，幸水的裂果与其他品种相比有其不同的特点。

图 6-1　幸水的裂果
下方的果实因黑星病的病斑不能膨大而裂果

◎ 为什么幸水容易裂果

与同期采收的早熟品种相比，幸水在幼果期膨大非常差，属于在成熟之前或采收之中快速膨大的品种。从开花后 90 天左右开始，每天果实直径膨大 1 毫米以上，后半期急剧膨大和降雨相重合，果皮无法承受果肉膨大带来的压力而裂果。幸水和新水在梨中都属于扁平果实，梗洼部到蒂洼部的长度比其他品种短，两肩和蒂部都承压，但新水的果实比幸水的果实小得多。

幸水的蒂洼部（果顶）较大，与果心的结合较弱，而且由于果肉膨大，在果心和蒂洼部的果肉间或果心与蒂洼部之间快速膨大至产生空隙的程度。

而且，幸水是果皮为中间色的品种，不像二十世纪那样果皮角质层覆盖，也不像新水、丰水那样木栓化。因此，绿皮梨和褐皮梨特性兼有，即使不裂果，也有容易形成果皮花斑。而且与二十世纪、丰水的果皮细胞更大、更容易横向扩展不同，幸水的果皮细胞小，在幼果期膨大速度慢，难以横向扩展。

与果肉细胞分裂在开花后 30 天基本结束相对应，果皮细胞会在成熟期前反复分裂和膨大。幸水具有果肉细胞膨大较好，但与果皮细胞的分裂和果皮表面积扩大不同步而裂果的特性。因此，如果在膨大最快的时期降雨，果实内部膨压变大，易因果皮承受不住压力而产生龟裂（图 6-2）。

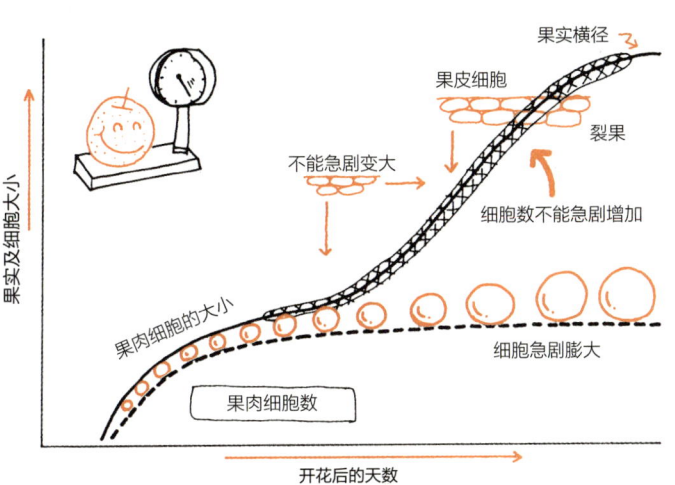

图 6-2 幸水的果实膨大与裂果的关系

◎ 进入 7 月才完成疏果会适得其反

彻底疏蕾、疏果可以促进幼果初期果实膨大，减轻裂果。简易覆盖栽培仅能使开花提早 3~4 天，却能防止裂果。而且，长势弱或果台叶少的树或结果枝，弱果台上的果实容易裂果，所以疏果要适时进行。

结果过多，或者在后期膨大前才完成最后疏果，会助长裂果。因为担心裂果，所以有些人会将果量多留 2 成，等到裂果的风险消失后再疏果，但这并不是好的防止裂果对策。进入 7 月后才完成疏果以减轻挂果负担，似乎会助长裂果。

良好的排水可以提高细根活力，不会急剧地吸收养分和水分，可以防止裂果。另外，也有果皮直接吸水而裂果的情况，套袋能明显减少裂果，但与无袋化的潮流背道而驰。

总之，裂果都是在果肉细胞膨大和果皮细胞分裂不均衡的情况下发生的，对策是让果实膨大提前，把每 10 天的膨大量⊖控制在 10 毫米以下，以 8 毫米左右为宜。

⊖ 在这里指果实直径的增加。——译者注

2　无袋栽培如何让果面漂亮

◎ 果实颜色的差异在哪里

没有比幸水产地间的果色差别更大的品种了。有的果实为褐色，和新水一样；有的果实为黄色等，和菊水一样。不知什么时候开始，幸水被当成绿皮梨，但它有从浅墨色至乌黑色的多种颜色，果色可谓千差万别。幸水的亲本之一菊水是果色带黄色的品种，如果幸水角质层未破裂而成熟，就是比二十世纪的果色偏黄的绿皮梨；如果角质层早早地破裂，果色会类似其另一亲本幸藏的特性。在鸟取，幸藏不像长十郎那样果皮呈赤铜色，而与新兴的果色有些接近。在九州，无袋栽培新兴的果色接近于光照好的地方的新水，因此，幸水的果色也有可能呈现出褐色较强的颜色。由于幸水的着色不一致，而同一产地内都需要果色一致，这是幸水无袋栽培的一大难题。

为了促进果实角质层龟裂，使之木栓化，与以往二十世纪保护果面的方法不同，采取相反的方法就可以了，即在开花结果后让园内多湿，角质层变薄；使用不易干燥且容易使果面变脏的乳剂农药，或者让氮素肥效推迟而诱发果锈。

关于湿度问题，在设施加温栽培中，以前单层覆盖无加温时，夜间的湿度接近100%，甚至会有水滴产生；但是无加温的两重覆盖，夜间的湿度会变低。如果在生长发育初期使园内干燥，形成漂亮的幼果，之后果面似乎不会变得粗糙（产生木栓）。因此，夜间容易干燥的梨园中央部生产出黄色果皮的果实；在夜间温度易保持、干湿相差大的周围部，果面就会偏褐色。也就是说，生长发育初期的果实反复地过湿、干燥对于果皮的木栓产生非常重要。但在潮湿条件下，灰霉病有可能增多，要注意防治。

◎ 防止果面脏污的对策

套袋栽培的二十世纪会产生红斑、果顶发黑等果面脏污，肥料的迟效、袋内的过湿及杂菌的繁殖是主要诱因。

无袋栽培导致果面木栓化，使果皮呈褐色这种脏污一般不用太在意。但落花期果蒂部的脏污、灰霉病、老枝或诱引绳浸出液的脏污等，会导致果实的外观显著恶化。

总之，这些脏污取决于是否每年都更换诱引绳，花丝、萼片等是否用手摘除，是否不让粗枝的背下部结果，这些都是从冬季到春季田间管理工作的反映。对套袋栽培的二十世纪采用无袋栽培，即使果面脏污也能因是无袋栽培而被接受，但是幸水一直被认为是无袋栽培品种，如果生产的果面不够漂亮，就会与其他产地产生差距，从而影响销售。

◎ 注意农药与气味附着

与其他果实相比，梨的果皮比较脆弱，特别是幸水和新水容易发生黑变，所以即使采收的果实上沾有农药，也不能用水冲洗或擦拭。因此，在果实膨大期以后，尽量避免使用展着剂，使用不易在果实表面附着的农药，并应尽可能在采收开始前，提前结束农药喷洒。

另外，梨的果实没有强烈的香味，外来香味物质会成为问题。要注意采收前喷洒的农药和采收容器的香味残留。要把采收容器洗干净，不要使用残留有强烈气味的农药。

3 幸水的采收方法

在二十世纪等以短果枝结果为主的品种中，主枝和亚主枝的顶端、老的短果枝、侧枝、有果台副梢的果实优先采收，从枝头开始向主干部有序采收，基本上果色、糖度都比较整齐。大量使用长果枝结果的幸水，从生成徒长枝的主干附近开始，2米范围内的果实生长环境较荫蔽，果皮着色有变晚的倾向。但是，幸水没有像二十世纪那样设定分区采收，不同区域果色和糖度的差别似乎不大。好在幸水采用无袋栽培，采收只要达到选果场所要求的果皮颜色就可以了。

◎ 什么时候开始采收

果实的最佳采收时期是生产者尝后会觉得好吃的时期。现在，无论是梨园、选果场还是市场或零售店铺，都有仪器轻松测定糖度。作为品质调查的一种手段，用数值来表示时，糖度最容易测量，在某种程度上可以代表风味。但是，果实美味是指牙齿感觉、舌头感觉和吃起来会不会有渣，以及咀嚼时糖和酸调和形成的风味。梨的美味来自其肉质，这是用果实硬度计也无法测定的微妙口感，只有尝过才知道。

采收从哪一天开始是极其重要的。采收要以果色为标准判断果实的成熟度。例如，果肉还较硬，在含糖量只有11%时第1次采收，接下来2~3天采收的糖度同样也为11%，会导致从始至终果实的风味不足。要等到果实风味好的时机，即糖度为12%时开始采收，该园就从始至终都能采收到糖度为12%的果实（图6-3）。

◎ 无袋果一碰就受伤

在无袋栽培中，除了在树上容易划伤果实之外，从采收到装箱的过程中也很容易产生擦伤、压伤、剪刀伤及手划伤，特别是果实采收后转移到搬运用果筐时更容易产生伤口。因此，像图6-4那样，制作2个采收容器大小的搬运用果筐，不用更换容器，直接放入搬运用果筐中，就可以减少伤口。采收容器的材料可以是各种床单、帐篷材料，可以折叠，吊带也可以拆下来，它也可以用于疏花、去除呆芽、装嫁接材料、施肥等其他作业，非常方便。

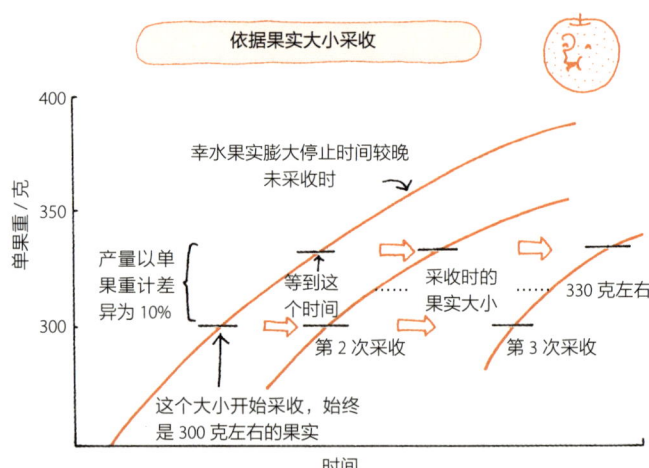

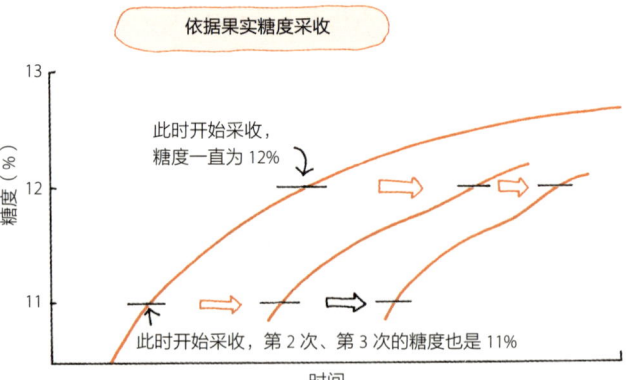

图6-3 采收开始时的果实大小与糖度（品质）十分重要

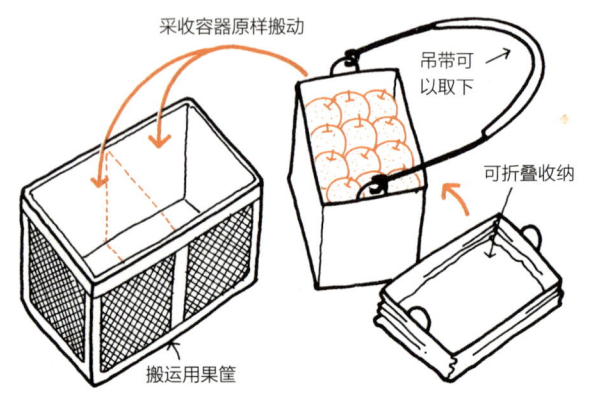

图6-4 采收容器的改良

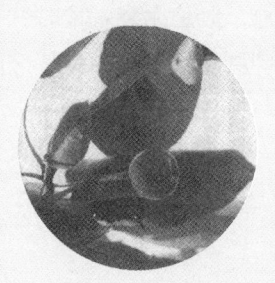

第7章

风灾及病虫害对策

1 诱引也是防台风对策

梨在有台风时落果，多半是因为侧枝的摆动导致的。一般认为是由于风使棚面上下晃动而落果，但实际上枝条摇晃造成落果的情况较多。在侧枝的基部和顶端的两个点，不是与棚线平行诱引，而是呈三角形诱引，不让它移动，也不要让它翻转。

修剪前扎实做好棚架修补、铁丝加固及侧枝诱引是防止落果的决定性因素，棚架不牢，好像棚架被梨树支撑着是本末倒置的。应对台风要看棚架修补、修剪、诱引、新梢管理等梨园基本管理是否可靠。

在无袋栽培中，结果时有很多的伤害，原因多半是如图7-1所示的枝条的摆动。不仅侧枝诱引的方向、角度、固定不好，而且结果位置也不好。在有袋栽培中，果袋在枝条和果实之间充当了缓冲垫的作用，所以不会有什么问题，但是无袋栽培时就要注意了。作为其预防对策之一，可以将贴上双面胶的聚氨酯材料放在果实和树枝之间进行保护。

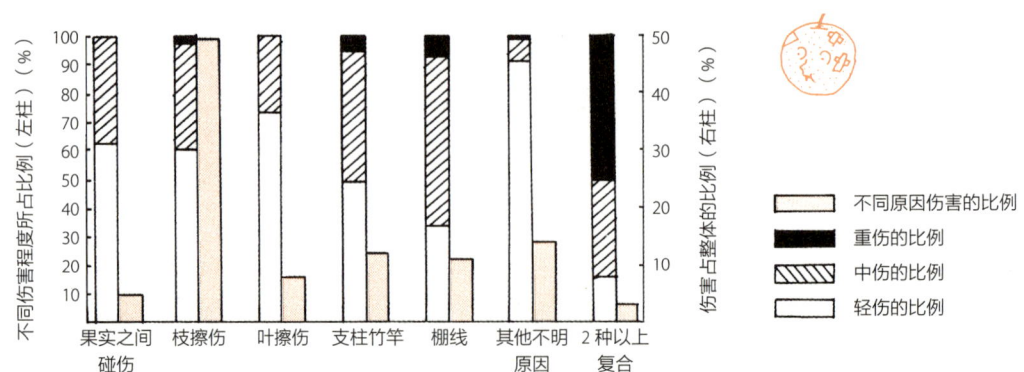

图7-1 树上不同原因发生果实伤害的比例（幸水）

2 防风有利于早期生长发育

在果树栽培中最重要的是排水，其次是防风墙。一般认为我们所采用的防风措施可以保护即将采收的果实不受台风等强风危害。然而，防风墙的真正作用是在初春的萌芽展叶期保护新梢和叶不受西北季风的侵扰，使其早期生长良好、结果良好，其效果远胜于防台风。

如果梨园被防风墙包围，园内就会很暖和，萌芽就会整齐，生长早期的叶片数量就会增多，有利于生产稳定。图 7-2 展示了各式各样的防风墙。防风墙以前为

防风网	竹片制的防风墙
过于繁茂的柳杉墙	美观但过于繁茂的日本花柏防风墙
育成中的扁柏防风墙	园内道的外侧设置的珊瑚树墙

图 7-2　梨园的防风墙

了缓和风多使用竹片制作,现在取而代之的是防风网。这些防风墙对防止强风进入园内有效,保温效果甚微,但因为设置简单,在树篱完成之前可作为防风墙使用。

树篱在栽植后的数年间都起不到作用,但可以作为永久的设施加以利用。就树种来说,在暖地多用珊瑚树、扁柏、柳杉、日本花柏、蚊母树、金合欢这类树。曾见过葡萄园用龙柏树作为防风墙修整得很好,而在对梨树来说它是梨锈病的中间寄主,不能栽植。

设置树篱的时候,理想的是在梨棚架外侧约 2 米处设置园内道路,并在其内侧栽植树篱树,但一般多栽植在紧挨梨树棚架周围线处。而且,完成树篱培育时树体密生,过于茂盛导致有显眼的枯枝,下部枝条没有去除造成通风不良,这样的例子很多。去除防风墙下面 50 厘米内的枝条以便通风,春季剪枝也可使树篱能稍微通透一些,以不出现枯枝为宜。

3 防治病虫害的对策

梨在整个生长发育期要防治的病虫害很多。因此在生产上,与其说喷洒农药是否有必要,不如说定期喷洒农药处于更优先位置。这样一来,导致许多梨园防治目的不明确,只是单纯地喷洒药剂。

现在,梨栽培以幸水、丰水为主,朝着无袋化栽培方向发展。无袋栽培没有果袋保护,但为防止农药附着果面的问题,也不能增加农药喷洒次数。又因为果实是裸露的,所以要比有袋更注意防治病虫害,从这个角度说,无袋栽培更要减少农药喷洒次数。为此,梨栽培中的整形修剪、完善防治设施及梨园环境改善都是非常重要的。

◎ 采收后的防治是关键

梨的主要病虫多在枝条、芽、芽基部的皱褶及粗皮部分越冬,其中大部分在叶片变黄之前会产生孢子或产卵,十分活跃。

特别是黑星病、黑斑病是梨栽培中最重要的病害,在新梢的皮孔、芽上生病斑,冬季温度较低处于休眠状态,但第 2 年早春变暖后,其病斑部产生孢子传播发病,这个时候才开始喷洒药剂就难以阻止发病,必须在采收后彻底防治,不让越冬病原形成病斑。另一方面,锈蜘蛛、白粉病等病虫如果 6 月下旬防治不充分,或者之后的防治药剂没有充分到达枝头，枝头的叶片就会提前脱落。

采收后的管理如上所述，在有叶片时进行间伐、缩伐或疏枝，新梢的顶端可以得到充分的防治药剂量。这样，包括停长叶在内的枝头叶片保护得好，枝条先端充实，并且不让枝条、芽产生病斑。

在温差较大的西南暖地，因为担心早春的枝枯（包括紫变色枝枯症）而使用机油，不仅这样做存在问题，PCP（五氯吡啶）也不能使用。在目前只有石硫合剂才有效的现状下，采收后增加喷洒有机铜克菌丹、二噻农水和剂等3~5次，尽可能减少越冬的病虫害，这是最好的防治对策。

◎ 尽早形成枝叶会减少防治次数

最大限度地降低越冬病虫的密度，在防治早期病虫害的同时，加快枝叶的展开，不使它延迟生长，就能在很大程度上减少果实膨大期以后的农药喷洒。新梢的叶片长得很旺盛，展叶时每天展开1片叶或3天展开2片叶，所以在喷洒农药后1周，每株的新梢会有3~5片没有药剂的叶片。定期或每次降雨后都要防治。枝叶展开期喷药是无法避免的，不过果实进入膨大期后，如果新梢继续生长，就很难拉开防治的间隔时间。为了减少病虫害防治次数，必须使早期生长旺盛，尽早停止新梢的生长，这一点十分重要。

◎ 黑斑病和黑星病的发病条件不同

梨树开花期临近，黑斑病和黑星病就开始活动。在这个时期，持续低温会让人担心黑星病，温暖会让人担心黑斑病。在单层覆盖的设施栽培中，由于维持较高的室温，再加上夜间处于饱和状态的高湿度，黑斑病的防治成为问题，但黑星病的防治次数可以减少。

在佐贺县果树试验场的梨园，4月~7月中旬的梨生长发育期，病虫害防治大约为10次。最低气温达到13℃以上的时期（5月中旬）以黑星病防治为主；最低气温达到15℃以上时，转变为以黑斑病防治为主。当然，鳞片脱落期、开花前、落花后，二十世纪套小袋前等关键时期，可选择对两种病害都有效的药剂进行混合喷洒。

◎ 轮纹病的发生不利于无袋栽培

这种病有枝条病斑的称为疣皮病，有果实病斑的称为轮纹病，有两个名称。有袋栽培时，只有树势衰弱的果实才会发病，在防治黑斑病时防治就可以了，但以幸水为主的无袋栽培多了，果实发病的轮纹病逐渐成了问题。

采收后果实的果点变黑，不仔细看很难发现小病斑，装箱、运输期间病斑变大，果实腐烂。从这个症状也被称为腐烂病，是降低市场评价的最坏病害。另外，对于枝条上的病斑，在二十世纪或新兴上，枝条上的疣（病斑）也会重叠，幸水或新水的小疣会变大形成大的枯斑，很难与胴枯病相区分。在梅雨期，枝条上的形成的疣和病斑上的小黑点，从里面生出孢子，侵入果实、枝条和叶片。数年间，从枝疣上每年都产生孢子，因此疣的数量逐渐增加，菌的密度变高，在梅雨多的年份果实受害。

这种病在栽种树苗时被带入的情况很多，需要确认无病再栽植。如果发现幼树上有疣或病斑，可以削下来再用涂布剂涂上。在用动力喷雾器喷洒波尔多液的时代，喷洒量、喷洒次数多，甚至连主干、主枝等都可以喷洒到药液流动程度，但最近由于用弥雾机喷雾，喷洒药量减少了一半。因为没有到老枝被药液浸湿的程度，所以若想在梅雨期用有机铜克菌丹水和剂等，要对粗枝进行 3 次左右淋洗式喷洒。

◎ 最小限度的农药混用

危害梨的果实、直接影响产量和品质的病虫害较多，必须按要求应该根据昆虫的生态特点进行适当的病虫害防治。

想一次喷洒就能达到全部防治目的，会混合 3~4 种农药进行喷洒，有时会引起意料之外的药害。最近将 2 种杀菌剂（例如有机铜 + 克菌丹）复配成 1 种农药，本打算用杀菌剂和杀虫剂的 2 种药剂混合，而实际上是 3~4 种药剂混合。复配剂中最好不要再加入其他药剂。

4 主要病害的防治

◎ 梨锈病（赤星病）

梨锈病的病原菌是活体寄生菌，是从植物的活细胞吸收营养而生存的真菌。梨锈病的病原菌从春季到夏季寄生在梨身上，从夏季到第 2 年春季寄生在真柏类（桧柏、日本侧柏）上寄生。梨锈病防治的关键是砍伐梨园附近的中间寄主，消除传染源。

梨锈病的冬孢子堆，在桧柏的叶上像花开一样呈黄色琼脂状膨胀，在上面产生小的孢子飞向梨树。在温暖地区，从 4 月上旬开始观察冬孢子堆，如果发现琼脂状的冬孢子堆，就对梨树和桧柏进行药剂喷洒。而且，现在有灭锈胺水和剂、三唑酮水和剂，在病斑小时喷洒，有防止病斑变大的效果。如果发现叶片上有黄色斑点，就喷洒 1~2 次。

◎ 黑星病

梨黑星病在任何品种上都可能发病，而褐皮梨的抗病性较弱。由于幸水、丰水成为主栽品种，梨黑星病成为重点防治病害。病斑从 5 月上旬开始在幼果的侧面、果梗、叶柄上形成，呈烟煤状，比较醒目。幸水在梅雨期也会在果实表面出现淡墨状的病斑，叶片呈黑色，有时会产生与黑斑病相似的病斑。本病在前年芽的鳞片和芽基部产生病斑，到达芽基部的菌丝越冬，第 2 年春季出孢子侵入生长发育早期的叶、花而感染。从鳞片脱落期到开花期气温低的年份发病多，这是因为病原菌在比黑斑病更低的温度下活动，气温低时梨的生长就会推迟，所以感染的机会多，而且持续时间也长。3 月下旬感染，到 5 月上旬发病，有 50 天的潜伏期。当气温升高时，潜伏期会变短，但新病斑上的孢子会依次传染。落叶的病斑在子囊体中越冬，比芽基部的病斑晚，于 4 月下旬侵入新组织。

如上所述，由于本病在发病很早之前就感染了，所以在观察到病斑之后再进行防治是来不及的，所以特别要注意气温低、生长延迟的年份。另外，设施栽培中如果加温，由于棚内温度高，所以本病发生会减少。

本病的防治是在采收后到落叶期的秋季，要求喷药周到，使药剂能够很好地到达徒长枝的顶端。采收早的暖地喷 5 次，采收晚的地方也要喷 3 次，以降低越冬菌的密度。另外，还要采取去除呆芽、将落叶埋在土中等防治措施。鳞片脱落以后，以芽为中心定期预防喷洒。气温升高时没有太大问题，可以用普通的杀菌剂进行防治，但由于有时梅雨期因气温低而发病，所以梅雨期有必要喷洒黑星病防治药剂。

◎ 黑斑病

这是二十世纪、新水的主要病害，无论过去还是现在都没有改变。

如果说因在两三年内发生的少而忽视防治，通常会遭受意想不到的损失。除了在秋季防治、去除呆芽和坐果后的果痕等来降低越冬菌密度，并在发病初期彻底防治之外，还需要在套袋前周到细致地进行药剂喷洒。

◎ 白粉病

子囊孢子飞散是 4~5 月开始，而叶片上的病斑被发现则是在 7 月。由于生长发育期间喷洒药剂能够同时防治白粉病，所以在采收期前问题不大。采收前药剂喷洒少，在晴天少雨、空气干燥时常会发生。对于利用长果枝结果的幸水，要比其他品种更重视顶部停长叶，如果不防止早期落叶，腋花芽难以充实，所以采收后要注重保叶。

◎ 枝干与根系病害

胴枯病、轮纹病（疣皮病）、枝枯病、红粒根癌病、白纹羽病等危害梨枝干或根的病害多了起来。紫变色枝枯症和萎缩症因年份不同出现明显的病害。虽然对这些病害不能一概而论，但由于生长期的防除剂没有充分喷洒到树干、粗枝上，或者排水不良的园地，土壤管理不彻底的梨园发病很多。

幸水的枝条粗而柔软，难以充实。因此，幸水比二十世纪、长十郎更容易感染枝干病害。与栽培技术的跃升和产量提高相比，不重视土壤改良和细根培育会导致树势变弱，从而使枝干病害发生增多。对于胴枯病、轮纹病等，可以通过削去受害部位和涂抹涂布剂来减轻病害，并封住病原菌。

5 主要害虫的防治

◎ 蚜虫

梨蚜虫、黄粉蚜是危害梨的代表性害虫，现在棉蚜、绣线菊蚜、桃长足蚜等蚜虫增加，使用以往的方法防治变得困难。在长果枝结果的幸水中，蚜虫会使新梢生长与其顶端充实受阻，花芽形成差。无袋栽培时，蚜虫排泄蜜露，传染烟煤病污染枝叶、果实，使其变黑。蚜虫不是在一种植物发生，通常是往返于 2 种以上的植物之间，其生活史非常复杂。需要对园内外的草木进行预防性防治，根据蚜虫的种类区分使用。

◎ 红蜘蛛

危害梨的红蜘蛛包括柑橘红蜘蛛、棉红蜘蛛、神泽氏叶螨 3 种为主，还有其他几种红蜘蛛，以及锈蜘蛛。红蜘蛛、锈蜘蛛主要寄生在叶片上吸收叶绿素。红蜘蛛每年要经过卵、幼虫、第 1 若虫、第 2 若虫、成虫、成虫的循环 10 次以上，各世代的红蜘蛛混在 1 片叶里导致大暴发，很难防治。棉红蜘蛛、神泽氏叶螨以成虫的形式越冬，解除休眠后在萼洼（蒂洼）处危害，使果实损伤，4 月下旬的防治十分重要。

锈蜘蛛在新水上较多，在幸水里较少。以前在二十世纪上看见危害症状，而混栽的新水没有症状。不过现在新水上危害也多起来了，即使是幸水，也会出现虫口密度也慢慢变大而大暴发的情况。长果枝结果的幸水如果新梢顶端受害，花芽分化就会恶化，这是个大问题。虽说 6 月上旬和下旬喷洒 2 次杀螨剂就可以了，但如果是在发现受害叶后再进行就晚了，所以最好是采取定期防治。

◎ 食心虫

危害梨的食心虫有梨大食心虫、桃食心虫、梨小食心虫 3 种，其中桃食心虫危害最大。因年份不同，一般梨小食心虫的第 1 次幼虫在 7 月中下旬取食果皮附近的果肉，有时出现范围浅而广的取食。

可以与大部分害虫进行同时防治，但合成除虫菊类杀虫剂的连续使用，有可能提高粉蚧、红蜘蛛的虫口密度。

◎ 夜蛾与椿象

夜蛾是夜行性的蛾，其中危害果实的蛾被称为吸果蛾类。一次加害种用锐利的口器吸汁的为枯叶夜蛾、鸟嘴壶夜蛾、肖毛翅夜蛾、苎麻夜蛾等都危害梨。二次加害种因为没有锐利的口器，只吸伤果的果汁，很多是椿象。其中危害梨的主要是斯氏珀蝽、茶翅蝽等。随着幼果期受害果的变大，危害部分果实膨大受到限制，会出现凹凸。成熟果的危害部位在小的吸汁痕下失去汁液，变成海绵状。

它们在 4 月下旬~5 月上旬幼果期和 7~9 月危害梨。在无袋栽培中，防治夜蛾时，用网罩进行物理阻隔。根据黄色荧光灯不同波长的设置，可以同时防治椿象。这两类都是在采收前和采收中危害的害虫，由于农药使用规则及残效期间的限制，需要利用防虫网罩或黄色荧光灯进行防治。

◎ 其他害虫

介壳虫危害果实、枝叶和根。在有袋栽培中，防虫袋可以减轻损失。寄生在果实上的介壳虫喜欢黑暗的地方，所以不会寄生在无袋的果实上。介壳虫中较硬的种类寄生在枝条上，现在有危害增加的倾向。

虽然也会出现梨角折蛾和卷叶虫，但基本上都可以与其他害虫同时防治。